永磁辅助同步磁阻电机设计与应用

黄　辉　胡余生　等编著

U0377996

机 械 工 业 出 版 社

永磁辅助同步磁阻电机综合了同步磁阻电机和永磁电机的特点，可降低对永磁体性能的要求，具有功率密度高、效率高、成本低等优点，具有广泛的应用前景，可推广应用到空调、机械设备、新能源电动汽车等领域。

本书总结了作者多年从事永磁辅助同步磁阻电机的研究成果以及行业内的最新发展和应用成果，共分为6章：第1章介绍永磁辅助同步磁阻电机的发展历程和研究现状；第2章从该电机的运行原理入手，研究永磁体层数、气隙、绕组形式、永磁含有率、永磁体用量、永磁体剩磁对电机参数及性能的影响；第3章介绍该电机退磁及充磁的基本原理，探讨永磁体层数、永磁体厚度、极弧系数、隔磁桥、充磁方向、永磁体嵌入深度、绕组形式、定子裂比、极对数等参数对电机抗退磁能力的影响；第4章总结该电机电磁振动和噪声的产生机理，从绕组形式、电机磁路结构、变频器控制等多方面进行降噪设计研究；第5章研究该电机的控制原理和矢量控制策略；第6章介绍该电机在空调压缩机、新能源电动汽车及工业领域中的应用。

本书采用理论与实践相结合的写作原则，既阐述永磁辅助同步磁阻电机的基本原理和概念，又提供具体设计方法及应用案例，力求全面系统地介绍永磁辅助同步磁阻电机的研究成果。

本书既可供从事永磁电机及驱动研究、设计、制造和使用的科研人员、工程技术人员和科技管理人员使用，也可以作为高等学校电工类专业师生的参考资料。

图书在版编目（CIP）数据

永磁辅助同步磁阻电机设计与应用/黄辉等编著. —北京：机械工业出版社，2017.8（2023.7 重印）
ISBN 978-7-111-57576-4

Ⅰ.①永… Ⅱ.①黄… Ⅲ.①永磁同步电机－磁阻电机－设计 Ⅳ.①TM46

中国版本图书馆 CIP 数据核字（2017）第 182123 号

机械工业出版社（北京市百万庄大街 22 号　邮政编码 100037）
策划编辑：江婧婧　责任编辑：翟天睿
责任校对：刘秀芝　封面设计：鞠　杨
责任印制：单爱军
北京虎彩文化传播有限公司印刷
2023 年 7 月第 1 版第 4 次印刷
169mm×239mm・13.75 印张・266 千字
标准书号：ISBN 978-7-111-57576-4
定价：59.00 元

序

稀土永磁同步电机由于具有功率密度高、效率高、体积小、结构简单等优点，获得了广泛的应用。但由于稀土材料的紧缺和价格偏高，又限制了它的进一步推广。因此，争取少用稀土材料同时又能获得其优良性能成为电机业界的研究热点。由同步电机的磁阻现象引申而来的永磁辅助同步磁阻电机，由于可以减少稀土材料的用量，甚至改用铁氧体永磁材料，同时仍有可能获得稀土永磁同步电机同等优良的性能，因此国内外学者都积极开展研究，提出不同方案，力促其实现。

珠海格力电器的研究团队从2005年开始进行攻关，取得了技术突破。不仅制造出性能优良的电机产品，解决了该电机特有的噪声和振动问题，而且显著降低了电机的成本。该团队已研制出5个系列的铁氧体永磁辅助同步磁阻电机，成功应用于变频压缩机及空调系统中，取得了巨大的经济效益，也充分证明了企业是创新主体的事实。

当我见到黄辉和胡余生等同志编著的书稿，看到书中充分反映了他们的研究团队多年以来从事永磁辅助同步磁阻电机研发的丰硕成果以及行业内的最新发展和应用情况，而且还对电机的设计做了非常详细清晰的论述，感到十分高兴。

这种类型的电机不仅适用于空调，而且在其他家用电器以及电动汽车和工业用电机等领域都有广阔的应用前景。相信国内电机行业的从业者对其感兴趣的人很多，但相关参考书却很少，有此一册在手，等于有了一个可靠的工作指南，真可省去很多摸索的功夫。

随着我国经济建设事业的发展，相信对各种电机的市场需求会越来越大，但我们的知识却可能不足以应付。有些人往往热衷于引进，以为把国外的企业收购进来就万事大吉。但根据我的体会，深知路是要靠自己的双脚一步一步走出来的，事实证明想靠别人背我们登上高峰，终究只能是幻想。

我自1958年大学毕业以来，长年在电机厂从事技术工作，虽然也想多做贡献，但由于各种因素所限，往往不如人愿。所以我很羡慕年轻的一代，你们切莫辜负了美好时光，要加紧努力，做出比我们这一代更加光荣伟大的业绩。

中国工程院院士
前四川东方电机厂总工程师　饶芳权

前　言

　　永磁辅助同步磁阻电机结合了永磁同步电机和同步磁阻电机的特点，同时使用磁阻转矩和永磁转矩，降低了对永磁体的性能要求，仅需使用较少的稀土永磁体，甚至直接使用铁氧体永磁体，就可能达到稀土永磁同步电机的能效水平。该电机具有功率密度高、效率高、调速范围宽、成本低等显著优点，而且可以减少稀土的消耗，具有广阔的应用前景。

　　该电机于 20 世纪 80 年代被提出，随着稀土资源的不断消耗，近年来已成为电机科研人员和工程技术人员的研究热点。作者所在的团队长期从事永磁辅助同步磁阻电机的技术研究和产品开发，在该电机的理论研究、设计方法、控制技术和工艺制造等方面积累了大量经验，同时对该电机在变频空调压缩机、电动汽车、工业电机等领域的应用也进行了研究。

　　为了促进永磁辅助同步磁阻电机的技术进步和推广应用，也为了推动我国电机行业的可持续发展，特将作者多年来从事永磁辅助同步磁阻电机的研究成果进行总结，并结合国内外研究结果，对该电机的基本理论、设计及工程应用等方面进行研究分析和探讨。

　　本书采用理论与实践相结合的写作原则，既阐述了永磁辅助同步磁阻电机的基本原理和概念，又提供了具体设计方法及应用案例，力求全面系统地介绍永磁辅助同步磁阻电机的研究成果。

　　本书的主要内容由黄辉和胡余生撰写，参加撰写的还有陈彬、肖勇、史进飞、周博、王长恺、区均灌、米泽银、陈华杰、孙文娇和刘亚祥，协助整理文稿和绘图的有李权锋、吴曼、王敏、张辉，全书由黄辉负责定稿。

　　由于作者水平有限，书中难免存在不足之处，恳请广大读者批评指正。

作者

目　　录

第1章 绪 论

21世纪以来，我国煤、石油、天然气等不可再生资源消耗巨大。并且随着全球变暖及环境污染问题的日益加剧，低碳、节能、环保在全世界范围内受到了越来越广泛的关注。

据2015年《中国电机行业市场调查研究报告》统计，全国现有各类电机系统总装机容量超过4亿kW，其用电量约占全国用电量的60%。目前的电机系统多采用异步电机，运行效率低，浪费了大量的电能。而永磁电机相比于异步电机具有结构简单、运行可靠、体积小、重量轻、损耗少、效率高等显著优点，可广泛替代异步电机。

随着永磁材料的发展，特别是高性能的钕铁硼永磁体问世后，永磁电机的研究取得了长足的进步。高性能钕铁硼永磁体的应用，显著提高了永磁电机的效率及功率密度。目前永磁电机的功率范围从几毫瓦到几千千瓦，应用领域从玩具、机械设备到舰船牵引动力装置，在国民经济、军事、工业、航空航天等方面都得到广泛应用。

目前永磁电机大多采用稀土钕铁硼永磁体，稀土永磁体使用量大。我国的稀土储量约占世界稀土储量的1/3，但每年的开采量却达到了世界总开采量的90%以上，稀土储量占世界总储量的比例逐年降低，同时稀土的开采带来了诸多的环境破坏问题。

为减轻永磁电机对稀土的依赖，减少稀土开采对环境的破坏，并且大幅降低永磁电机成本，急需研发一种少稀土乃至无稀土的高效电机。

永磁辅助同步磁阻电机结合了永磁同步电机和同步磁阻电机的特点，该电机充分利用磁阻转矩和永磁转矩，具有功率密度高、效率高、调速范围宽及体积小、重量轻等显著优点。相比于永磁同步电机，永磁辅助同步磁阻电机可以减少永磁体用量，降低对永磁体的性能要求，具有广阔的应用前景。

1.1 永磁辅助同步磁阻电机的发展历程

永磁辅助同步磁阻电机是从同步磁阻电机演变而来的。早在19世纪初，研究人员观察到转动的普通电励磁同步电机的励磁绕组断开时，电机仍没有停转，从而发现了磁阻现象。从此，专家学者开始了对磁阻电机的研究。

1923年，Kostko J K 在美国工业工程师协会期刊上提出了多相反应同步电机

（Polyphase Reaction Synchronous Motors）的概念及转子结构，如图 1-1 所示，并预言到这种电机未来会被广泛应用。这种电机就是同步磁阻电机的雏形。

与此同时，凸极同步电机双反应理论的提出，特别是派克（Park）方程的建立，使电机的理论分析从定性分析阶段跨越到比较严格的以数学模型为基础的数理分析阶段，对凸极电机中磁阻转矩的分析有了质的突破，推动了同步磁阻电机的研究。

1965 年 1 月，德国布伦瑞克工业大学的 Brinkman 发表的论文《利用反应原理改良电机的理论和实验研究》（Theoretische und experimentelle untersuchen an einem motor mit verbesserter ausnuzung des reaktionsprinzips）中提到了一种改良的同步磁阻电机转子结构，如图 1-2 所示，可以提高电机的功率因数和效率。

 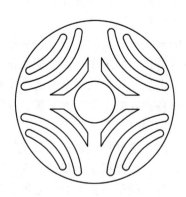

图 1-1　多相反应同步电机转子结构示意图　　　图 1-2　改良的同步磁阻电机转子结构

另一种典型的早期同步磁阻电机的转子结构如图 1-3 所示，通过在凸极转子中设置双层磁障，增加 d、q 轴的磁阻差来提高磁阻转矩。由于当时的换向器频率很低，因此必须在转子上安插鼠笼条产生异步起动转矩。这种结构的同步磁阻电机最高凸极比不超过 2，电机效率和功率因数都很低，且在起动过程中会有严重振荡的问题，所以未能在工业上得到广泛应用。

随着电机设计理论和电力电子技术的发展，出现了第二代同步磁阻电机，如图 1-4 所示。该电机通过分块拼装结构来增加凸极比，凸极比可以达到 5～6，同时去掉笼型转子，直接使用逆变器变频起动，削弱了转子振荡现象。但是该电机工艺结构复杂，并且为了产生大的磁阻转矩需要增大定子侧励磁电流，而效率和功率因数仍然较低，致使该种电机未得到推广使用。

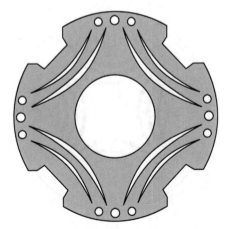

图 1-3　早期同步磁阻转子结构

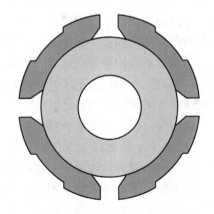

图 1-4　第二代同步磁阻电机结构

　　为尽可能增大 d、q 轴的磁阻差，同时减小励磁电流，增大功率因数，在 20 世纪 70 年代初期产生了第三代同步磁阻电机，其转子结构如图 1-5 所示。其中一种为轴向叠压式（ALA）转子，如图 1-5a 所示，即将导磁材料和非导磁材料按一定厚度比沿轴向交替叠压，可以获得最大的 q 轴电感和最小的 d 轴电感，从而实现磁阻转矩的最大化。这种电机的转矩密度、效率和功率因数都较高，但加工工艺复杂、机械强度较低，制约了其在工业中的应用。另一种为横向叠压式（TLA）转子，如图 1-5b 所示。通过在转子硅钢片中冲压多个空气磁障来产生 $d-q$ 轴磁阻差异。此种电机转子结构简单、机械强度高，更适合工业大批量生产。

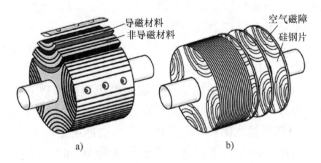

图 1-5　第三代同步磁阻电机转子结构

a）轴向叠压式转子结构　b）横向叠压式转子结构

　　事实上，同步磁阻电机普遍存在一个问题，即为获得足够大的转矩，需要定子侧提供较大的励磁电流，因此牺牲了效率和功率因数。

　　20 世纪 80 年代后期，电机研究人员发现在同步磁阻电机转子的多层磁障中添加适量永磁体，提供 d 轴方向的永磁磁通，可以提高电机功率因数和转矩密度，典型的电机结构如图 1-6 所示。该结构电机即为永磁辅助同步磁阻电机（PMASyn-RM）的原型，也称为新型同步磁阻永磁电机或永磁同步磁阻电机。

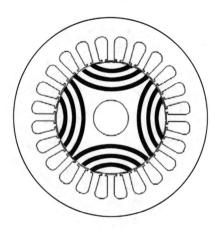

图 1-6　永磁辅助同步磁阻电机结构

该结构电机主要有如下特点：

1）由于 q 轴磁路上无隔磁磁障，磁力线可以顺畅地通过转子，从而得到较大的 q 轴电感。而 d 轴磁路上永磁体的磁导率接近于气隙，阻碍了磁力线的通过，得到了较小的 d 轴电感，从而提供较大的磁阻转矩。

2）永磁体镶嵌在 d 轴方向上的多层磁障里，提供永磁转矩。

1.2　永磁辅助同步磁阻电机的研究现状

自 20 世纪 80 年代后期永磁辅助同步磁阻电机发明以来，专家学者对其进行了广泛的关注和研究。

1992 年，在 IEEE IAS 年会组织的同步磁阻电机的专题研讨会上，诸多学者对永磁辅助同步磁阻电机的基本理论和应用进行了分析讨论，随后许多国家的专家学者都对其展开了一系列研究工作。其中以日本、美国、意大利等为代表，在永磁辅助同步磁阻电机的设计上取得突破性进展。

日本大阪府立大学的 Morimoto、Sanada、Inoue 等人对永磁辅助同步磁阻电机展开了系统的研究，取得了一定成效。

2001 年，该团队研究了永磁辅助同步磁阻电机磁障层数对 L_d、L_q 及永磁磁链的影响，结构如图 1-7 所示。当磁障层数为 4 层时，电机具有最优性能，效率可达到 94.4%，与同容量永磁同步电机接近，永磁体用量仅为其 1/4。同时通过磁障端部设计对齿槽转矩进行了优化，齿槽转矩降低 50%。并校核了电机高速运行（6000 r/min）下转子的机械强度，最大应力为 65.9N/mm^2，具有 5 倍的安全系数。

2004 年，该团队研究了磁障末端与定子齿边缘的相对位置对转矩脉动的影响，并设计了非对称磁障结构的 36 槽 4 极永磁辅助同步磁阻电机进行验证。其转子结构如图 1-8 所示，以转子上的某一极为基准，将每极下内层磁障的末端位置逐一偏离 $n\delta$，其中 $\delta = \tau_s/p$，n 为不大于 p 的整数，τ_s 为定子槽距角，外层磁

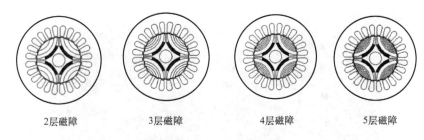

图 1-7 不同磁障层数永磁辅助同步磁阻电机结构

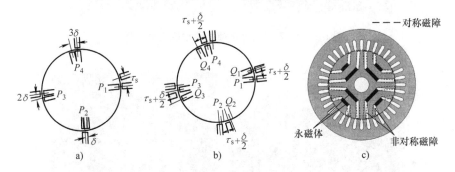

图 1-8 非对称磁障转子对比示意图

a) 第 1 层磁障偏移距离 b) 第 2 层磁阻偏移距离 c) 非对称磁障转子对比示意图

障和内层磁障末端距离为 $\tau_s + \delta/2$。此种不对称磁障转子设计能够避免定转子槽对齐时的齿槽效应，从而抑制转矩脉动。

2011 年，Morimoto 等人开始专注于研究铁氧体永磁辅助同步磁阻电机，通过增加最外层永磁体厚度，磁障端部锥化设计，使得电机在最大去磁电流时只有 0.6% 的不可逆退磁，抗退磁能力显著提高。并设计了一款 2.5kW 的 36 槽 6 极永磁辅助同步磁阻电机，样机如图 1-9 所示。该电机实测最大效率为 91.9%，其功率密度和效率与同容量内置式永磁同步电机相近。同时指出由于铁氧体永磁辅助同步磁阻电机磁阻转矩占比大，因此相比于稀土永磁电机受永磁体退磁的影响更小。

2013 年，该团队对采用黏结稀土永磁体的永磁辅助同步磁阻电机进行了研究，指出在两层磁障及分布绕组的电机结构下，放置适量的永磁体同样能够达到较优的电机性能。并与相同容量下采用烧结稀土永磁体的永磁同步电机进行对比，指出永磁同步电机具有较小的铜损，中低频效率较高，而永磁辅助同步磁阻电机具有更优的弱磁性能及更低的铁损，在运行范围及高频效率上更有优势。

同期，Morimoto 等人设计了一台电动汽车用 48 槽 8 极铁氧体永磁辅助同步磁阻电机，样机如图 1-10 所示。通过增加永磁体厚度及中间磁障设计优化抗退磁能力，同时对电机的机械强度进行了校核。通过实验验证，该样机在较宽的转

图 1-9　36 槽 6 极永磁辅助同步磁阻电机样机

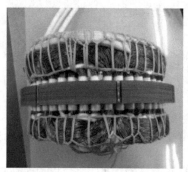

图 1-10　48 槽 8 极铁氧体永磁辅助同步磁阻电机样机

速运行范围内功率密度大于5kW/L，最大功率密度达到 6.8kW/L，最大效率为 95.5%，与第二代丰田普锐斯电动汽车驱动用永磁同步电机效率相当。

　　在此基础上，Morimoto 等人对该样机的转矩脉动进行了优化，转子结构如图 1-11 所示。永磁体采用方形结构并且分段插入，转子采用不对称磁障结构，保持一个极下的磁障位置不变（标记为 Type_A），相邻极的第 2 层磁障沿着磁极对称轴向最外层永磁体方向偏移 1.4°（标记为 Type_1.4），以此改变瞬时转矩的相位。仿真结果表明，在输出转矩不变的情况下，优化电机的转矩，脉动可降低 50%。

　　美国威斯康星大学麦迪逊分校的 Staton D A 等人对轴向叠片的永磁辅助同步磁阻电机进行了深入研究，分析了转子层数、饱和及叠片结构对转矩特性的影响。并对该电机的极数、绝缘含有率、气隙长度进行了有限元仿真优化，提升了电机的凸极比。该团队和 Soong W L 合作设计出一台 7.5kW 三明治式的轴向叠片永磁辅助同步磁阻电机。

　　同时，该校的 Han S H，Jahns T M 等人指出一般内置式永磁同步电机额定负

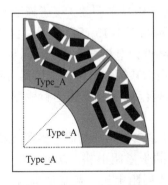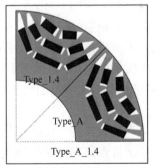

图 1-11 转矩脉动优化转子结构对比示意图

载下的转矩脉动为 20%，严重弱磁时甚至达到 100%。同时推导出了定转子磁动势谐波相互作用产生转矩脉动的表达式，并根据表达式得出两个结论：定子磁动势谐波只有和相同次数的转子磁动势谐波相互作用才能产生转矩脉动；定子因为绕组星形联结所以没有 3 次及其倍数的谐波，转子由于结构对称只有奇数次谐波。由此设计了一款每对极下定子槽数为 9，转子为双层磁障结构的永磁辅助同步磁阻电机，有限元仿真结果表明，其转矩脉动减小到 4.6%，并且在整个调速范围内，包括深度弱磁时，其转矩脉动均大幅度减小。

美国得州农工大学的 Niazi P 在 2005～2009 年期间对永磁辅助同步磁阻电机进行了大量的研究。2005 年，他在博士论文中详细讨论了磁障层数、气隙长度、绝缘含有率、极靴宽度、磁障宽度及位置、肋部宽度对同步磁阻电机各项性能的影响，并指出在磁障肋部位置增加永磁体可提高同步磁阻电机性能，并设计了一台 1.5kW 的 12 槽 4 极永磁辅助同步磁阻电机，效率比同步磁阻电机高 5% 左右，其研究的同步磁阻电机与永磁辅助同步磁阻电机转子结构如图 1-12 所示。

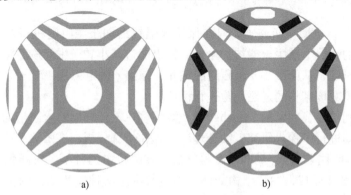

图 1-12 两款电机转子结构示意图

a) 同步磁阻电机转子磁障结构 b) 永磁辅助同步磁阻电机转子结构

美国密歇根州立大学的 Foster S N 等人设计了一款 3 层磁障结构的 36 槽 6 极铁氧体永磁辅助同步磁阻电机，转子结构如图 1-13 所示。通过优化磁障形状及端部削尖，提升了电机抗退磁能力。并将设计电机与切向永磁同步电机进行了全面对比，指出永磁辅助同步磁阻电机的最大转矩和效率无法达到切向永磁同步电机的水平，但在转矩脉动、输出能力、运行范围及高速运行效率等特性上更有优势。

意大利都灵理工大学的 Vagati 等人从 1992 年开始研究磁阻电机，取得了一系列成果，随后又重点研究了永磁辅助同步磁阻电机。2004 年，该团队设计了一台电动汽车用 72 槽 12 极永磁辅助同步磁阻电机，额定功率为 15kW，额定转矩为 120N·m，最高转速为 6000r/min，样机如图 1-14 所示，并对该电机的机械强度和控制系统进行了校验。2009 年，又设计了一台 72 槽 6 极永磁辅助同步磁阻电机，转子采用 4 层磁障，每层磁障中间设置加强筋增加机械强度，在 1200r/min 时，最大功率达到 250kW，1000~1500r/min 运行范围内功率为 230kW。

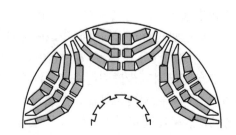 

图 1-13　36 槽 6 极 3 层磁障转子结构示意图　图 1-14　电动汽车用永磁辅助同步磁阻电机样机

2011 年，该团队研究了如何在保持永磁辅助同步磁阻电机每层永磁体磁动势不衰减的情况下减少永磁体的用量。提出通过减小转子中间段磁障及该磁障处的永磁体厚度，从而减小 q 轴磁路的饱和，增加 q 轴电感量，转子结构如图1-15所示。但需对该结构的退磁风险进行评估。

意大利帕多瓦大学的 Bianchi N 等学者从 2008 年开始对永磁辅助同步磁阻电机转矩脉动进行了深入研究。结合理论计算和仿真分析，该团队设计了一台两层磁障的 24 槽 4 极永磁辅助同步磁阻电机。该电机由两种不同磁障张角的转子冲片 A 和 B 叠加而成，冲片结构如图 1-16a 所示。两种冲片结构的主要谐波幅值相等而相位相差 180°，从而叠加后的电机可以大幅降低转矩脉动，但该结构电机的平均转矩有所减小。随后又提出在一个转子冲片中使用两种不同张角的磁

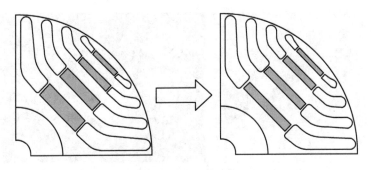

图 1-15　低永磁体用量转子结构对比示意图

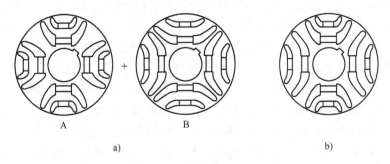

图 1-16　不同磁障组合转子结构示意图

a）两种不同磁障张角冲片叠加　b）同一冲片上两种不同磁障张角

障，转子冲片结构如图 1-16b 所示。通过分别优化每对极下两个磁障的张角从而获得较低的转矩脉动。这种结构工艺简单，转矩脉动小，平均转矩减少幅度小，但可设计的磁障张角数量少。

　　南非斯泰伦博斯大学的 Kamper M J 等人分析了感应电机、同步磁阻电机及永磁辅助同步磁阻电机的各项性能差异。并设计了一台 54 槽 6 极永磁辅助同步磁阻电机进行验证，样机转子结构如图 1-17 所示。指出在同步磁阻电机中加入合适的永磁体可以使反电动势趋于正弦化，同时提高电机效率及功率因数。

　　韩国成均馆大学的 Jeong Yunho 在 2012 年设计了一台 80kW 的 4 层磁障、定子斜槽的铁氧体永磁辅助同步磁阻电机。该样机在额定转速 3600r/min 时产生的转矩为 212.2N·m，最大转速可达到 10000r/min，整个调速范围内平均效率为 96.1%。并将该电机与相同容量的永磁同步电机进行了有限元仿真对比，指出永磁辅助同步磁阻电机的转矩脉动、反电动势幅值和谐波都小于永磁同步电机，且在高速运行区间性能更优异。但其平均转矩略小于永磁同步电机，且所需励磁电流较大，铜损稍大。

　　罗马尼亚的 Lucian Tutelea 等人在 2014 年通过磁路计算设计了一台电动汽车用高功率密度、高效率的钕铁硼永磁辅助同步磁阻电机，其工作转速范围为

图 1-17　54 槽 6 极永磁辅助同步磁阻电机永磁体及转子

1350 ~ 7000r/min，在此运行区间功率为 50kW，最大输出功率达到 100kW，最高输出转矩为 600N·m，电机重量不超过 40kg。并进行了有限元仿真验证，该电机在整个弱磁调速范围内效率为 91% ~ 92%，高速运行电压稳定。

　　我国对永磁辅助同步磁阻电机的研究较少，清华大学的赵争鸣、郭伟等人先在 1997 年在国内期刊上介绍了永磁辅助同步磁阻电机，然后又在 2005 年对永磁辅助同步磁阻电机的结构与电磁参数关系、转矩特性及控制策略展开了研究。湖北工业大学的李新华在 2014 年对电动大巴驱动用铁氧体永磁辅助同步磁阻电机进行了有限元仿真分析，研究了磁障层数、转子结构对输出转矩及转矩脉动的影响，指出 4 层磁障的 U 形结构转子可以提高输出转矩和降低转矩脉动。同时分析了电机极数对磁阻转矩的影响，指出多极多槽电机结构可提高磁阻转矩，降低转矩脉动。并将设计电机与钕铁硼永磁同步电机进行了仿真对比，指出永磁辅助同步磁阻电机磁阻转矩大，性价比高，弱磁扩速能力更优。

　　格力电器股份有限公司（简称格力电器）从 2005 年开始研究铁氧体永磁辅助同步磁阻电机，其团队在提高凸极比、提升永磁体工作点和最大效率控制方法上进行了深入研究，实现了该电机在整个工作区间内的高效运行。并通过各层永磁体抗退磁一致性设计及绕组预热的起动方式，使抗退磁能力大幅提高，实现了电机的可靠运行。同时研究了抑制磁阻转矩脉动的磁路结构，结合参数辨识自适应控制技术，解决了该电机特有的振动和噪声问题。通过以上技术，成功研发出 1 ~ 10kW 的铁氧体永磁辅助同步磁阻电机，并应用于变频压缩机及空调系统中。格力电器对其研发技术建立了系统的知识产权体系，获授权发明专利 20 多项。

　　永磁辅助同步磁阻电机具有功率密度高、效率高、调速范围宽、体积小、重量轻等显著优点，同时可以降低对永磁体性能的要求，近年来已成为行业的研究热点，特别是在家用电器、电动汽车及工业电机等领域具有广阔的应用前景。

　　本书总结了作者多年从事永磁辅助同步磁阻电机研发的经验，并结合国内外研究结果，对永磁辅助同步磁阻电机的基本理论、设计及工程应用等方面进行研究分析和探讨，为永磁辅助同步磁阻电机的设计提供参考和指导。

第2章　永磁辅助同步磁阻电机的参数及特性

永磁辅助同步磁阻电机通过增大交、直轴电感的差值提升了磁阻转矩，同时又能利用永磁转矩，实现较大的转矩密度，交、直轴电感及磁链是电机最重要的三个参数。本章首先介绍永磁辅助同步磁阻电机的基本结构及工作原理，分析电机的空载磁路以及交、直轴磁路，推导出相关计算公式，并介绍电感的仿真及测试方法。然后深入研究电机永磁体层数、气隙、绕组形式、永磁含有率、永磁体用量、永磁体剩磁对电机参数及性能的影响。最后分析电机的输出转矩、输出功率以及效率随转速变化的特性。

2.1　电机基本结构及运行原理

永磁辅助同步磁阻电机是通过在同步磁阻电机的转子槽中插入永磁体变化而来的，电机结构如图 2-1 所示。

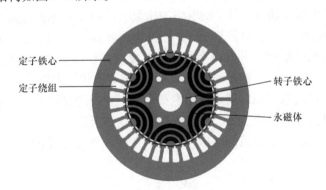

图 2-1　永磁辅助同步磁阻电机结构

永磁辅助同步磁阻电机主要依靠磁阻转矩驱动电机，磁阻转矩产生的原理是：电机的定子绕组通入电流产生定子磁场，由于转子交、直轴磁路磁阻不相等，而磁力线总是沿着磁阻最小路径走，因此只需要控制定子绕组电流的相位，使子磁场与转子直轴始终保持一定的夹角，电机就能产生稳定的转矩。永磁辅助同步磁阻电机通过在转子中添加永磁体，使永磁体磁场与定子磁场相互作用产生永磁转矩，相比于同步磁阻电机，永磁辅助同步磁阻电机在相同的电流下产生的电磁转矩更大。

永磁辅助同步磁阻电机的空间矢量图如图 2-2 所示。

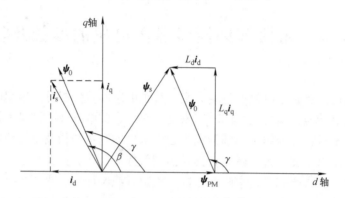

图 2-2　永磁辅助同步磁阻电机空间矢量图

矢量图中，i_s 为定子电流空间矢量，i_d、i_q 分别为 i_s 的直、交轴分量，L_d、L_q 分别为直、交轴电感，ψ_{PM} 为转子永磁体产生的磁链，ψ_0 为 i_s 产生的磁链，ψ_s 为 ψ_0 与 ψ_{PM} 的合成磁链，β 是 i_s 与 d 轴的夹角，γ 是 ψ_0 与 d 轴的夹角。

从图中可以看出，由于电机 d、q 轴电感不相同，且 q 轴电感大于 d 轴电感，定子绕组电流产生的磁链 ψ_0 与定子电流空间矢量 i_s 相位不重合，ψ_0 在相位上滞后于 i_s，并且电机 q 轴电感与 d 轴电感的比值（凸极比）越大，ψ_0 与 i_s 的相位差越大。由于 ψ_0 的感应电动势空间矢量的相位超前 $\psi_0 90°$，因此在同步磁阻电机中，增大电机的凸极比，可以减小电压与电流的相位差，增大电机的功率因数。但在正常的工作状态下，同步磁阻电机的 ψ_0 与 i_s 的相位差较小，因此电机的功率因数较低。但对永磁辅助同步磁阻电机而言，可以通过调节 i_s 和 ψ_{PM} 使电机的合成磁链 ψ_s 与 i_s 相位差接近 90°，实现较高的功率因数。

永磁辅助同步磁阻电机的电压、磁链、电磁转矩与机械运动方程如下：

电压方程

$$u_d = \frac{\mathrm{d}\psi_d}{\mathrm{d}t} - \omega\psi_q + Ri_d \tag{2-1}$$

$$u_q = \frac{\mathrm{d}\psi_q}{\mathrm{d}t} + \omega\psi_d + Ri_q \tag{2-2}$$

磁链方程

$$\psi_d = L_d i_d + \psi_{PM} \tag{2-3}$$

$$\psi_q = L_q i_q \tag{2-4}$$

电磁转矩方程

$$T_e = p(\psi_{PM} i_q + (L_d - L_q) i_d i_q) \tag{2-5}$$

机械运动方程

$$J \frac{\mathrm{d}\Omega}{\mathrm{d}t} = T_e - T_L - R_\Omega\Omega \tag{2-6}$$

式中　u_d、u_q——电压空间矢量的直、交轴分量；

　　　ψ_d、ψ_q——定子磁链直、交轴分量；

　　　i_d、i_q——电流空间矢量的直、交轴分量；

　　　L_d、L_q——直、交轴电感；

　　　ψ_{PM}——永磁体产生的磁链；

　　　ω——电动机的电角速度；

　　　R——绕组相电阻；

　　　T_e——电磁转矩；

　　　p——电机极对数；

　　　J——电机的转动惯量；

　　　Ω——机械角速度；

　　　R_Ω——阻力系数；

　　　T_L——负载转矩。

根据电机的运行原理，永磁辅助同步磁阻电机电磁转矩简化公式如下：

$$T_{em} = p\psi_{PM}i_s\sin\beta + \frac{1}{2}p(L_d - L_q)i_s^2\sin(2\beta) \tag{2-7}$$

式（2-7）中第一项为永磁磁场与定子磁场相互作用产生的永磁转矩；第二项为由于电机 d、q 轴电感不相等而产生的磁阻转矩。

2.2　电机的磁路模型

永磁辅助同步磁阻电机最重要的 3 个参数为永磁体磁链、交轴电感、直轴电感，下面结合电机的磁路对这 3 个参数进行分析。

2.2.1　空载磁路模型

图 2-3 所示为 24 槽 4 极 3 层永磁体的永磁辅助同步磁阻电机空载时，永磁体产生的磁力线分布。从转子进入气隙的磁力线分为 3 部分，第 1 部分是内层永磁体端部的磁力线；第 2 部分是中层永磁体端部与内层永磁体串联后产生的磁力线；第 3 部分是外层永磁体与中层永磁体及内层永磁体串联后产生的磁力线。

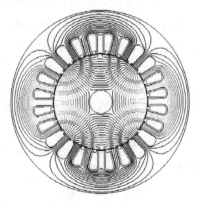

图 2-3　电机空载磁力线分布图

根据电机磁力线分布图得到的电机空载磁路模型及等效磁路如图 2-4 所示，由于电机空载时定子齿部、轭部的磁路还未饱和，因此这两部分的磁阻远小于永磁体及气隙的磁阻，可不考虑。

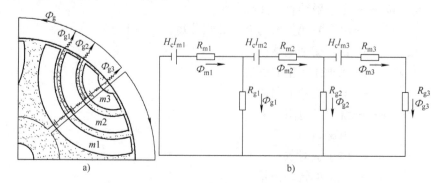

图 2-4　电机空载磁路及等效磁路

a）永磁辅助同步磁阻电机空载磁路　b）等效磁路

从各层永磁体直接进入气隙的磁通 Φ_{g1}、Φ_{g2}、Φ_{g3} 计算公式如下：

$$(H_c l_{m1} - \Phi_{m1}R_{m1}) + (H_c l_{m2} - \Phi_{m2}R_{m2}) + (H_c l_{m3} - \Phi_{m3}R_{m3}) = \Phi_{g3}R_{g3}$$

$$(2\text{-}8)$$

$$(H_c l_{m1} - \Phi_{m1}R_{m1}) + (H_c l_{m2} - \Phi_{m2}R_{m2}) = \Phi_{g2}R_{g2} \qquad (2\text{-}9)$$

$$H_c l_{m1} - \Phi_{m1}R_{m1} = \Phi_{g1}R_{g1} \qquad (2\text{-}10)$$

$$\Phi_{m1} = \Phi_{g1} + \Phi_{m2} \qquad (2\text{-}11)$$

$$\Phi_{m2} = \Phi_{g2} + \Phi_{m3} \qquad (2\text{-}12)$$

$$\Phi_{m3} = \Phi_{g3} \qquad (2\text{-}13)$$

式中　　　　　H_c——永磁体矫顽力（A/m）；

S_{m1}、S_{m2}、S_{m3}——各层永磁体的截面积（m²）；

l_{m1}、l_{m2}、l_{m3}——各层永磁体的厚度（m）；

Φ_{m1}、Φ_{m2}、Φ_{m3}——流经各层永磁体内部的磁通（Wb）；

Φ_{g1}、Φ_{g2}、Φ_{g3}——各层永磁体直接进入气隙的磁通（Wb）；

R_{m1}、R_{m2}、R_{m3}——各层永磁体的磁阻（A/Wb）；

R_{g1}、R_{g2}、R_{g3}——气隙的磁阻（A/Wb）。

每极产生的总磁通为 $2\Phi_g$，Φ_g 由式（2-14）得出

$$\Phi_g = \Phi_{g1} + \Phi_{g2} + \Phi_{g3} \qquad (2\text{-}14)$$

设永磁体层数为 N，以最内层永磁体定义为第 1 层，第 k 层永磁体进入气隙的磁动势通用计算公式如下：

$$\sum_{n=1}^{k}(H_c l_{mn} - \Phi_{mn}R_{mn}) = \Phi_{gk}R_{gk} \qquad (2\text{-}15)$$

式（2-15）中等号左边为永磁体的磁动势 $F_m(k)$，等号右边为气隙的磁动势 $F_g(k)$，可以进一步表达为

$$F_m(k) = \sum_{n=1}^{k} H_c l_{mn} - \sum_{n=1}^{k} \Phi_{mn} R_{mn} \tag{2-16}$$

$$F_g(k) = \Phi_{gk} R_{gk} \tag{2-17}$$

$$\Phi_g = \sum_{n=1}^{N} \Phi_{gn} \tag{2-18}$$

$$R_g = \frac{l_g}{\mu_0 S_g} \tag{2-19}$$

$$R_m = \frac{l_m}{\mu_r S_m} \tag{2-20}$$

式中　F_m——永磁体的磁动势（A）；

$\quad\quad F_g$——气隙磁动势（A）；

$\quad\quad B_g$——气隙磁密（T）；

$\quad\quad H_g$——气隙磁场强度（A/m）；

$\quad\quad \mu_r$——永磁体磁导率（H/m）；

$\quad\quad \mu_0$——真空磁导率（H/m）；

$\quad\quad l_g$——气隙长度（m）；

$\quad\quad S_g$——气隙的截面积（m^2）。

以最简单的 1 层永磁体为例，可以得出以下公式：

$$F_m = H_c l_m - \frac{l_m}{\mu_r S_m} \Phi_m \tag{2-21}$$

$$F_m = H_m l_m \tag{2-22}$$

$$F_g = \frac{l_g}{\mu_0 S_g} \Phi_g \tag{2-23}$$

$$\Phi_g = B_g S_g \tag{2-24}$$

$$B_g = \frac{S_m}{S_g} B_m \tag{2-25}$$

$$H_g = \frac{l_m}{l_g} H_m \tag{2-26}$$

$$\frac{B_m}{H_m} = \mu_0 \frac{S_g l_m}{l_g S_m} \tag{2-27}$$

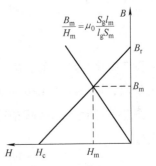

式（2-27）为永磁体 $B-H$ 曲线上的磁导率计算公式。图 2-5 所示为永磁体的 $B-H$ 曲线和磁导率曲线的关系，永磁体的退磁曲线和

图 2-5　$B-H$ 曲线和永磁体的工作点

磁导率曲线的交点为永磁体的工作点。

2.2.2　交轴磁路模型

电机 q 轴磁力线分布如图 2-6 所示。q 轴磁力线从定子轭部经定子齿部，穿过气隙，进入永磁体中间的导磁通道，然后穿过气隙，回到定子，经过定子齿部、轭部后闭合，为了简化计算，假设永磁体的磁导率与真空磁导率相等。

根据磁力线分布图得到的 q 轴磁路模型及等效磁路如图 2-7 所示。考虑到一个磁极下 q 轴磁路的对称性，只画出了一半磁路，并将 $A-B$ 两端看成短路。

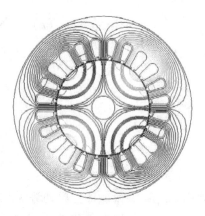

图 2-6　电机交轴磁场磁力线分布图

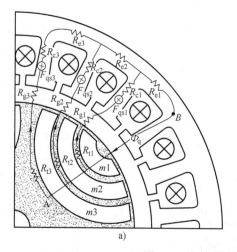

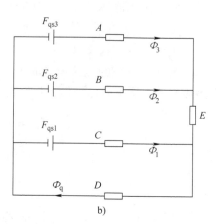

图 2-7　交轴磁路模型及等效磁路

a）交轴磁路模型　b）等效磁路

图 2-7 中，R_e、R_c、R_g、R_t 分别为定子轭部、定子齿部、气隙、转子导磁通道的磁阻；F_{qs} 表示由绕组线圈产生的磁动势；$\varPhi_q$ 表示 q 轴磁通的总和。

图 2-7b 所示为 q 轴磁路的等效磁路。根据磁路的基尔霍夫定律，可得出以下公式：

$$\varPhi_q = \varPhi_1 + \varPhi_2 + \varPhi_3 \tag{2-28}$$

$$\varPhi_q \times D = F_{qs1} - \varPhi_1 \times C \tag{2-29}$$

$$F_{qs3} - \Phi_3 \times A = F_{qs2} - \Phi_2 \times B \tag{2-30}$$

$$(\Phi_2 + \Phi_3) \times E + F_{qs2} - \Phi_2 \times B = F_{qs1} - \Phi_1 \times C \tag{2-31}$$

可求出

$$\Phi_2 = \left(F_{qs2} - \frac{D}{C+D}\left(F_{qs1} - \frac{D}{A}(F_{qs3} - F_{qs2})\right) - \frac{D+E}{A}(F_{qs3} - F_{qs2})\right)/$$

$$\left(B + D + E + \frac{D+E}{A}B - \frac{D^2}{C+D}\left(\frac{B}{A} + 1\right)\right) \tag{2-32}$$

$$\Phi_1 = \frac{1}{C+D}\left(F_{qs1} - \frac{D}{A}(F_{qs3} - F_{qs2})\right) - D\frac{A+B}{A}\Phi_2 \tag{2-33}$$

$$\Phi_3 = \frac{(F_{qs3} - F_{qs2}) + B\Phi_2}{A} \tag{2-34}$$

式中　$A = R_{e3} + R_{g3} + R_{c3} + R_{t3}$；$B = R_{t2} + R_{g2} + R_{c2}$；$C = R_{t1} + R_{g1} + R_{c1}$；$D = R_{e1}$；$E = R_{e2}$。

通过以上公式可以求出 q 轴的磁通，进一步根据绕组匝数和电流可以求出 q 轴电感。

2.2.3　直轴磁路模型

电机 d 轴磁力线分布如图 2-8 所示，为了简化计算，假设永磁体的磁导率与真空磁导率相等。

根据 d 轴磁力线分布图得出的 d 轴磁路模型及等效磁路如图 2-9 所示，由于在隔磁桥处存在漏磁，因此假设定子磁动势 F_{ds1} 已短路，可以忽略。隔磁桥处饱和后，流过的磁通基本不再随定子电流的加大而增加，可以用磁通源 Φ_b 表示，Φ_b 可以通过转子的饱和磁通密度及隔磁桥的厚度计算得到。

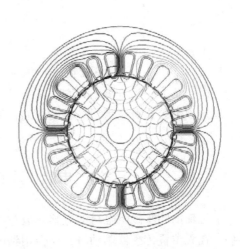

图 2-8　电机直轴磁场磁力线分布图

图 2-9b 所示为 d 轴等效磁路。根据磁路的基尔霍夫定律，可列出以下公式：

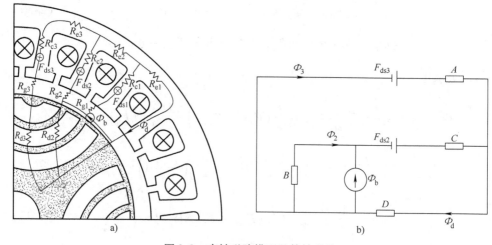

图 2-9　直轴磁路模型及等效磁路

a）直轴磁路模型　　b）等效磁路

$$\Phi_2 = \frac{F_{ds3} - D\Phi_1 - (A + D)\Phi_3}{D} \tag{2-35}$$

$$\alpha = F_{ds3} - F_{ds2} + C\Phi_1 + \frac{(B + C)(F_{ds3} - D\Phi_1)}{D} \tag{2-36}$$

$$\beta = A + \frac{(B + C)(A + D)}{D} \tag{2-37}$$

$$\Phi_3 = \frac{\alpha}{\beta} \tag{2-38}$$

$$\Phi_d = \Phi_2 + \Phi_3 + \Phi_b \tag{2-39}$$

式中　$A = R_{e3} + R_{g3} + R_{c3} + R_{d3}$；$B = R_{d2}$；$C = R_{g2} + R_{c2}$；$D = R_{e1} + R_{e2}$。

　　通过以上公式可以求出 d 轴的磁通，进一步根据绕组匝数和电流求出 d 轴电感。

2.3　电感参数的仿真与测试

　　永磁辅助同步磁阻电机的电感参数对电机的磁阻转矩以及输出功率有较大的影响，在无位置传感器驱动时，还会用到电感参数进行转子位置的估算。电感参数的准确计算和测量非常重要，下面围绕其进行介绍。

2.3.1　d、q 轴电感参数的仿真计算

　　根据永磁辅助同步磁阻电机的空间矢量图可知

$$\boldsymbol{\psi}_0 = \boldsymbol{\psi}_s - \boldsymbol{\psi}_{PM} \tag{2-40}$$

$$i_d = i_s \cos\beta ; i_q = i_s \sin\beta \tag{2-41}$$

$$\boldsymbol{\psi}_{ds} = \boldsymbol{\psi}_0 \cos\gamma ; \boldsymbol{\psi}_{qs} = \boldsymbol{\psi}_0 \sin\gamma \tag{2-42}$$

根据电感的定义 $L = \psi / I$ 可知

$$L_d = \frac{\boldsymbol{\psi}_{ds}}{i_d}; L_q = \frac{\boldsymbol{\psi}_{qs}}{i_q} \tag{2-43}$$

式中，$\boldsymbol{\psi}_{ds}$ 为定子磁链 $\boldsymbol{\psi}_0$ 的 d 轴分量，$\boldsymbol{\psi}_{qs}$ 为定子磁链 $\boldsymbol{\psi}_0$ 的 q 轴分量。

进一步可得

$$L_d = \frac{\boldsymbol{\psi}_0 \cos\gamma}{i_s \cos\beta}; L_q = \frac{\boldsymbol{\psi}_0 \sin\gamma}{i_s \sin\beta} \tag{2-44}$$

从图 2-2 中可以看出，对于交、直轴电感相等的表贴式永磁电机（凸极比为 1），定子电流 i_s 产生的定子磁链 $\boldsymbol{\psi}_0$ 的相位角 γ 与定子电流 i_s 的相位角 β 始终是相同的，与定子电流的交、直轴分量没有关系。

但对于凸极比不为 1 的电机，定子电流 i_s 的方向与转子 d 或 q 轴不重合时，磁力线从转子磁阻最小的方向通过，转子的凸极性使定子磁场发生偏移，导致电流 i_s 与磁链 $\boldsymbol{\psi}_0$ 的空间矢量不重合，即 β、γ 不相同。

首先，用电机负载磁链 $\boldsymbol{\psi}_s$ 减去空载永磁体磁链 $\boldsymbol{\psi}_{PM}$，求出定子电流产生的磁链 $\boldsymbol{\psi}_0$，再计算 $\boldsymbol{\psi}_0$ 与电流 i_s 的相位差 $\beta - \gamma$，如图 2-10 所示。由于式（2-44）中电流 i_s 和 β 均为已知量，从而可以求出电机的 d、q 轴电感。

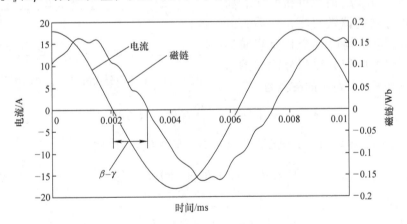

图 2-10　相电流与相磁链的相位差

2.3.2　d、q 轴电感参数的测试

目前常用的电感测试方法有两相电压法、最值法、直流衰减法、直接负载法及电压积分法。两相电压法未能考虑电机实际运行的交、直轴耦合情况，而且转子固定位置的不同也会影响到电感大小，测量准确度较低。最值法通过旋转转子寻找电感的最大和最小值来计算交、直轴电感，由于电机齿槽转矩的影响，操作

上会存在误差，影响测试精度。直流衰减法需借助计算机采样技术和系统辨识的数学工具，实现较为困难。直接负载法需同时测量电机的电压、电流、功率角、功率因数等参数，其中功率角的测量比较困难，且参数测试中的各种误差容易积累，测试精度差。

电压积分法实验过程简单，易于实现，可通过改变绕组接线和通电方式模拟永磁辅助同步磁阻电机运行中交、直轴磁路交叉饱和对电感的影响。

电压积分法测量电感的原理是：若电感中流过的电流为 I，总磁链为 ψ，则电感为 ψ/I。为测量电感中的磁链，可用电阻 R 将电感短路，并对电阻两端电压值积分，即

$$\psi = \int_0^\infty u\mathrm{d}t = \int_0^\infty iR\mathrm{d}t \tag{2-45}$$

所以

$$L = \frac{\int_0^\infty u\mathrm{d}t}{I_0} \tag{2-46}$$

电压积分法测量电感的电路如图 2-11 所示。

测量前，闭合开关 K，当电阻满足 $R/R_2 = R_3/R_4$ 时，电桥平衡，将电压积分器的读数置零，然后打开开关 K，电桥构成一个直流衰减回路，利用电压积分器积分两端的直流衰减电压，测量出的磁链为

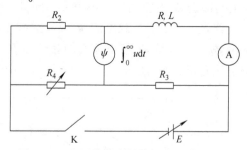

图 2-11　电压积分法测量电感电路原理图

$$\psi = \int_0^\infty u\mathrm{d}t = \int_0^\infty i(R_2 + R_4)\mathrm{d}t \tag{2-47}$$

衰减回路中电阻上的电压为 $i(R + R_2 + R_3 + R_4)$，由此可知

$$\int_0^\infty i(R + R_2 + R_3 + R_4)\mathrm{d}t = LI_0 \tag{2-48}$$

因此

$$L = \frac{(R + R_2 + R_3 + R_4)\psi}{(R_2 + R_4)I_0} \tag{2-49}$$

测量电机交、直轴电感的绕组连接方式如图 2-12 所示，在电机绕组 A、B 两端通入直流电 I_0，三相绕组合成磁场方向与 U 相绕组重合。图 2-12a 中绕组磁场方向与转子 d 轴重合，此时，绕组磁场只有 d 轴分量，图 2-12b 中绕组磁场方向与转子 q 轴重合，此时，绕组磁场只有 q 轴分量。合成磁场强度与电机正常工作时峰值为 I_0 的三相电流产生的合成磁场强度相同。测量电机绕组 A、B 两端的

磁链为 ψ_{AB}，ψ_{AB} 是 U 相绕组磁链的 1.5 倍，因此采用图 2-12 中绕组连接方式测得的交、直轴电感为 $\psi_{AB}/(1.5I_0)$。由于电机大多工作在去磁状态，因此测量直轴电感时只列出了去磁状态下的绕组连接图。

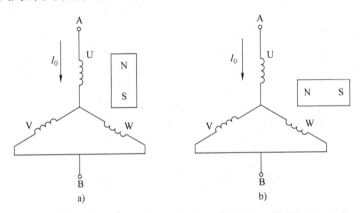

图 2-12　电机交、直轴电感测量绕组连接图

a）去磁状态下直轴电感测量　b）交轴电感测量

上述电感测试方法适用于定子电流产生的磁场只含有交轴分量或直轴分量时，而电机在实际运行时，电流产生的磁场同时含有交、直轴分量，存在交、直轴磁路交叉饱和的现象。为使测得的参数更接近实际情况，一种考虑了电机磁路交叉饱和的交、直轴电感测量绕组连接方式如图 2-13 所示。

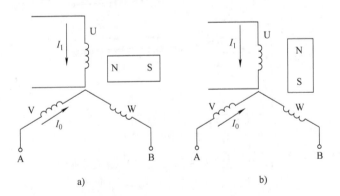

图 2-13　考虑交叉饱和时电机交、直轴电感测量绕组连接图

a）去磁状态下交轴对直轴的影响　b）直轴对交轴的影响

2.3.3　磁路饱和对 d、q 轴电感的影响

由于电机铁心材料磁导率的非线性，磁路随着定子电流的增大会出现饱和，电感会因磁路饱和而下降。由于 d、q 轴磁路的差异，d、q 轴电感受磁路饱和的

影响也不相同。d、q轴电感随电流变化的曲线如图 2-14 所示。

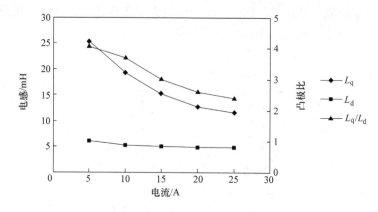

图 2-14 电流对交、直轴电感的影响

L_d、L_q 都随电流的增大而减小，其中 L_d 受电流变化影响较小，L_q 随电流增大而明显下降。

图 2-15 所示为不同交轴电流下，直轴电感随直轴电流的变化曲线。当直轴电流 I_d 较小时，随着交轴电流 I_q 的增大，L_d 先减小后增大，当 I_d 增大到一定值后，随着 I_q 的增大，L_d 不断减小，但减小的速度有所放缓。

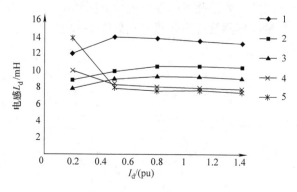

图 2-15 直轴电感随交、直轴电流变化曲线
1—$I_q = 0.2$　2—$I_q = 0.5$　3—$I_q = 0.8$　4—$I_q = 1.1$
5—$I_q = 1.4$（交轴电流标幺值）

图 2-16 所示为不同直轴电流下，交轴电感随交轴电流的变化曲线。随着直轴电流 I_d 的增大，L_q 减小，交轴电流 I_q 较小时，L_q 受直轴电流影响较大，交轴电流较大时，L_q 受直轴电流影响较小。

总的来说，直轴电感受直轴电流的影响较小，而受交轴电流的影响较大，交轴电感受交轴电流和直轴电流的影响都较大。

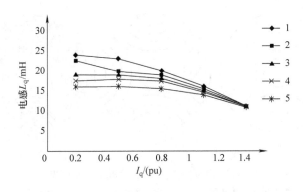

图 2-16　交轴电感随交、直轴电流变化曲线

1—$I_d = 0.2$　2—$I_d = 0.5$　3—$I_d = 0.8$　4—$I_d = 1.1$

5—$I_d = 1.4$（直轴电流标幺值）

2.4　电机结构对参数及性能的影响

为了提高永磁辅助同步磁阻电机在单位电流下的转矩输出，降低电机绕组损耗，可以从两个方面入手，一是提高电机的永磁转矩，从转矩公式中可以看出，增加永磁体磁链，可以实现永磁转矩的提升。二是提高电机的磁阻转矩，通过电机的结构设计，提高电机的 d、q 轴电感差值（$L_q - L_d$），或者提高电机的凸极比 L_q/L_d。由于 L_d、L_q 的差值受到绕组匝数的影响，而凸极比只与电机结构有关，因此一般采用凸极比来衡量电机结构对磁阻转矩的影响。但在电机绕组确定后，与磁阻转矩直接相关的是 L_d、L_q 的差值，为了提升磁阻转矩，应该优先增大电机的 d、q 轴电感差值。

2.4.1　永磁体层数对参数的影响

永磁辅助同步磁阻电机转子一般采用多层永磁体结构，永磁体的层数不但会影响电机的电磁参数，还会影响转子的结构强度和工艺性。本节在永磁体用量及气隙相同的条件下，对永磁体层数为 1～6 层的转子结构进行对比分析，图 2-17 所示为永磁体层数分别为 1 层、2 层、5 层的转子模型。

交、直轴电感与永磁体磁链随永磁体层数的变化曲线如图 2-18 所示。随着永磁体层数的增加，直轴电感几乎不变，而交轴电感、永磁体磁链却大幅增加。当层数达到 2 层以上时，磁链和交轴电感增加的速度逐渐变缓。

在永磁体用量相同的情况下，永磁体层数越多，外层永磁体越靠近转子外侧，永磁体总的厚度会增加，永磁体工作点有所提升，永磁体磁链得到相应提升。

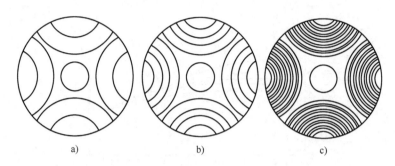

图 2-17　不同永磁体层数的电机转子模型

a）1 层永磁体转子　b）2 层永磁体转子　c）5 层永磁体转子

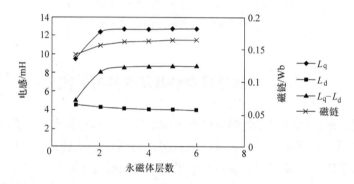

图 2-18　转子永磁体层数对电磁参数的影响

　　永磁辅助同步磁阻电机的 d 轴磁路上，由于永磁体磁导率与真空磁导率基本相同，因此 d 轴电流产生的磁通很难通过永磁体，主要从转子表面的隔磁桥通过。在永磁体用量相当的情况下，隔磁桥的长度也相差不大，所以转子永磁体层数对 d 轴电感影响很小。

　　永磁辅助同步磁阻电机的 q 轴磁路上，q 轴电流产生的磁通从定子进入转子时会受到转子槽末端的阻挡，图 2-19 所示为 q 轴磁通进入磁力线完全不受阻挡的实心转子、1 层永磁体转子、2 层永磁体转子、6 层永磁体转子时的磁力线分布。

　　在实心转子中，q 轴电流产生的磁通达到最大值。1 层永磁体转子的永磁体厚度较大，永磁体的端部正对定子齿，由定子齿部进入转子的 q 轴磁力线受转子槽阻挡较多，会避开转子槽端部，从其他位置进入转子内部，磁路的磁阻较大。2 层永磁体转子在两个永磁体之间增加了一层导磁通道，由定子齿部进入转子的 q 轴磁力线受转子槽阻挡少了很多，磁路的磁阻也比 1 层永磁体转子结构小了很多。6 层永磁体结构的转子在正对定子齿的位置上，各永磁体之间存在多个导磁

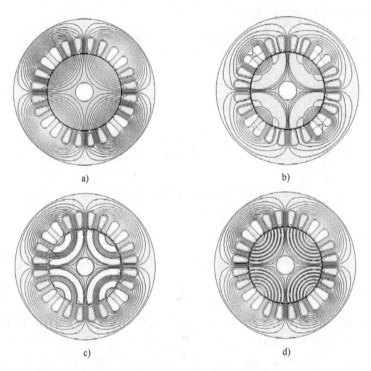

图 2-19 不同转子交轴磁力线分布图

a) 实心转子　b) 1 层永磁体转子　c) 2 层永磁体转子　d) 6 层永磁体转子

通道与之对应，磁力线比较容易进入转子内部，所以 q 轴磁路磁阻与实心转子最为接近。

图 2-20 所示为不同层数永磁体电机的 L_q 随电流的变化曲线。在不同的电流下，均为永磁体层数较多的电机 L_q 更大。随着电流的增大，几种电机的 L_q 都会因为磁路饱和而下降，但下降的幅度不同，永磁体层数较多的电机下降幅度更小，使电机在大电流下可以获得更大的输出转矩。

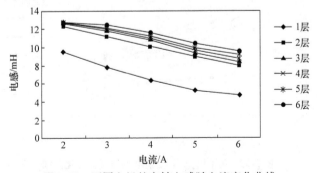

图 2-20 不同电机的交轴电感随电流变化曲线

2.4.2 气隙对电感参数的影响

气隙长度的选择是永磁辅助同步磁阻电机的设计重点，气隙对电机参数的影响如图 2-21 所示。

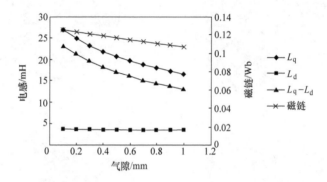

图 2-21 不同气隙下交、直轴电感的对比

随着气隙长度的增加，直轴电感下降的幅度非常小，而交轴电感迅速下降。原因是直轴磁路中的磁阻主要集中在气隙和永磁体上，永磁体的磁导率接近真空磁导率，多层永磁体的磁阻要远大于气隙磁阻，气隙长度变化对直轴磁路的总磁阻影响不大；而交轴磁路中的磁阻主要集中在电机气隙、定子齿部、定子轭部、转子导磁通道上，其中气隙磁阻占整个磁路磁阻的比例很大，增大电机的气隙，交轴磁路的磁阻增加较为明显。

气隙长度对永磁体磁链也有一定影响，随着气隙增加，永磁体磁链有所减小。因此，在保证永磁辅助同步磁阻电机装配工艺的条件下，应尽可能选择较小的气隙来增大电机的磁阻转矩。

此外，不同电流下气隙长度对电机交轴电感的影响有所不同。从图 2-22 可以

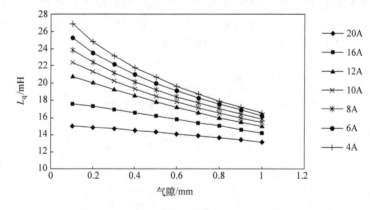

图 2-22 不同电流下交轴电感随气隙变化曲线

看出，在小电流下，随着气隙长度的增加，L_q 降低幅度较大，而大电流下 L_q 降低幅度较小。这是由于小电流下 q 轴磁路中气隙磁阻占整个磁路磁阻的比例更大，因此 L_q 受气隙长度影响更大。

2.4.3　绕组形式对电机参数的影响

近几年，在不断提高电机效率的同时，也希望电机体积更小、材料成本更低。集中绕组通过在定子齿上绕线，减少了绕组的端部长度，从而实现电机的小型化和低成本化，并且减小绕组电阻就能降低铜损，提高电机效率。这种集中绕组电机在空调压缩机和冰箱压缩机中得到了广泛的应用。

在相同的转子结构下，选取相同的气隙长度和绕组串联导体数，分析绕组形式对电机参数及性能的影响。其中两种电机的定子齿部、轭部磁通密度基本相同。采用集中绕组和分布绕组的铁氧体永磁辅助同步磁阻电机模型如图 2-23 所示。

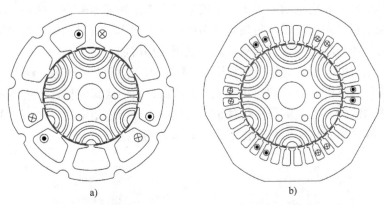

a)　　　　　　　　　　　　　b)

图 2-23　集中绕组电机与分布绕组电机模型

a）集中绕组　b）分布绕组

两种电机的性能及参数测试数据见表 2-1。

表 2-1　集中绕组电机与分布绕组电机性能

电机类型	分布绕组电机	集中绕组电机
额定电流/A	3.6	4.1
L_q/mH	28.16	28.49
L_d/mH	4.95	11.75
$L_q - L_d$/mH	23.21	16.74
1000r/min 时感应电动势/V	24.1	22.2
绕组系数	0.9659	0.866
永磁转矩/N·m	1.20	1.28

（续）

电机类型	分布绕组电机	集中绕组电机
磁阻转矩/N·m	1.21	1.13
总转矩/N·m	2.41	2.41
相电阻/Ω	1.21	0.81
铁损/W	11.4	19.4
铜损/W	47.2	40.8
效率（%）	93.9	93.7

从电感参数来看，集中绕组电机与分布绕组电机 q 轴电感相差不大，但集中绕组电机的 d 轴电感明显大于分布绕组电机，导致集中绕组电机单位电流下的磁阻转矩小于分布绕组电机。而在永磁转矩方面，集中绕组电机的绕组系数要低于分布绕组电机，感应电动势较小，单位电流下的永磁转矩略小。此外，集中绕组电机的绕组端部短，定子电阻相比分布绕组电机较小，所以铜损较低。但集中绕组电机的气隙磁场谐波含量较高，高频铁损大幅增加。

两种电机的 d 轴磁力线分布如图 2-24 所示。电机的 d 轴磁力线大部分都是经定子齿进入气隙，而后到达转子上的隔磁桥，集中绕组电机定子齿间容易形成短路，磁力线经过的气隙与隔磁桥长度明显少于分布绕组电机，电机 d 轴磁路磁阻较小，d 轴电感大，产生磁阻转矩的 d、q 轴电感差值小。

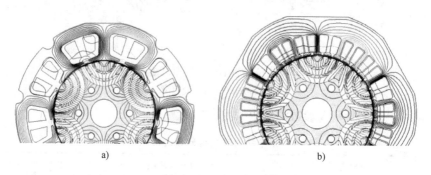

a)　　　　　　　　　　　　　　　　b)

图 2-24　去磁状态下电机 d 轴磁力线分布

a）集中绕组　b）分布绕组

2.4.4　永磁含有率对参数的影响

永磁含有率是指永磁体厚度占整个转子铁心径向长度的比例。永磁含有率为 1 表示整个转子全部是永磁体，永磁含有率为 0 表示整个转子全部是铁心。永磁含有率不仅对永磁体磁链有影响，还对电机的 d、q 轴电感有较大影响，图 2-25 所示为 d、q 轴电感、永磁体磁链及电磁转矩随永磁含有率变化的仿真结果。

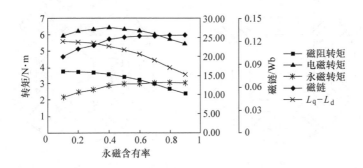

图 2-25　永磁含有率对电机参数及转矩的影响

可以看出，随着永磁含有率的增加，永磁体磁链有所增加，但增速逐渐减缓，这是因为增加永磁体厚度会提升永磁体工作点，但工作点增加到一定值后基本趋于稳定。电机的 d、q 轴电感均随永磁含有率的增加而减小，但 q 轴电感降低幅度更大，主要原因是在 q 轴磁路上，随着永磁含有率的增加，转子永磁体之间的导磁通道变窄，导致这一区域容易发生磁路饱和，使 q 轴电感明显下降；在 d 轴磁路上，永磁体增加到一定厚度后，转子 d 轴磁通难以从转子槽通过，均从转子槽末端的隔磁桥以及气隙上通过，永磁含有率的增加对这部分磁路磁阻的影响并不是很大。

此外，随着永磁含有率的增加，电机的永磁转矩增大，而磁阻转矩下降，所以存在一个最优的永磁体含有率，使电机合成的电磁转矩最大。

2.4.5　永磁体用量对电机参数及性能的影响

永磁辅助同步磁阻电机是在同步磁阻电机的转子槽中插入永磁体变化而来的，本节主要研究永磁体用量对电机参数及性能的影响。

在 2 层永磁体结构的永磁辅助同步磁阻电机上，对比了 4 种不同永磁体用量电机的参数和性能，其电机转子结构及永磁体分布情况如图 2-26 所示。

4 种转子的永磁体用量依次增加，其中转子 1 不含永磁体，即电机为同步磁阻电机，转子 2 只在内层转子槽的中间位置放置永磁体，转子 3 在内层转子槽的中间及两侧位置放置永磁体，转子 4 在转子槽的所有位置都放置永磁体。

表 2-2 对比了 4 种转子的永磁体用量以及产生的磁链。可以看出，随着永磁体用量的增加，电机磁链逐渐增大。此外，各转子单位体积永磁体产生的磁通并不相同，转子 2 单位体积永磁体产生的磁通最大，转子 4 单位体积永磁体产生的磁通最小。

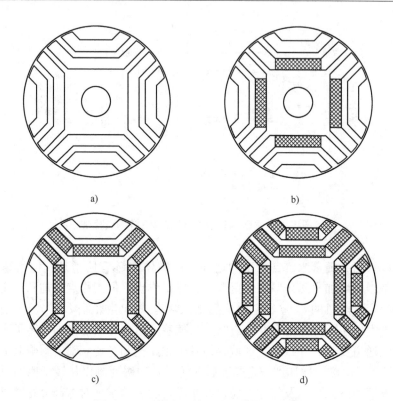

图 2-26　不同永磁体用量及分布示意图

a）转子 1　　b）转子 2　　c）转子 3　　d）转子 4

表 2-2　不同电机永磁体用量及磁链

电机转子	永磁体用量/cm³	磁链/Wb
转子 1	0	0
转子 2	28.15	0.093
转子 3	57.79	0.187
转子 4	91.58	0.257

　　图 2-27 所示为在相同的电流幅值及转速下 4 种电机的转矩随电流角的变化曲线。随着永磁体用量的增加，相同电流下输出的转矩增大。几种电机最大转矩/电流的电流角不相同，并且随着永磁体用量的增加，最大转矩/电流的电流角从 135°逐渐向 90°方向移动。

　　通过有限元仿真对比 4 种转子结构电机的磁阻转矩、永磁转矩、功率因数及效率，结果如图 2-28 所示。增加永磁体用量可以提升磁阻转矩，并且存在一个合适的永磁体用量使得磁阻转矩最大。此外，电机的效率和功率因数都随永磁体用量的增加而逐渐升高。

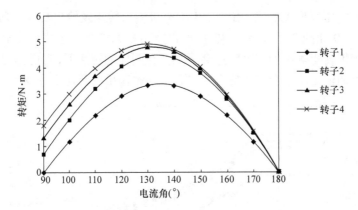

图 2-27 不同电机转矩随电流角变化曲线（$I_a = 2A$，$n = 1000r/min$）

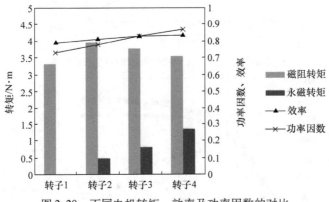

图 2-28 不同电机转矩、效率及功率因数的对比

图 2-29 计算了 4 种电机的 L_d、L_q、凸极比和凸极差。L_q 随永磁体用量的增加变化不大，L_d 随着永磁体用量的增加先减小后增大。转子 2 的凸极比和凸极差都是最大的，磁阻转矩也最大。

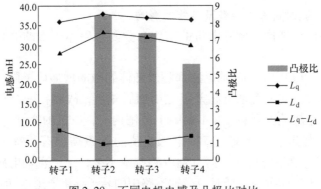

图 2-29 不同电机电感及凸极比对比

在最大电压及最大电流一定时，4 种电机输出转矩及输出功率随转速的变化曲线如图 2-30 和图 2-31 所示。随着永磁体用量的增多，电机输出转矩逐渐增加，但实现恒转矩输出的最大转速会下降。在同样的转速下，随着永磁体用量的增多，电机的输出功率会有所提升，并且恒功率输出的转速范围变大。

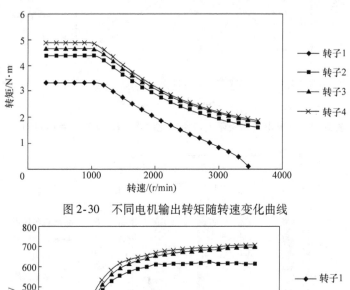

图 2-30　不同电机输出转矩随转速变化曲线

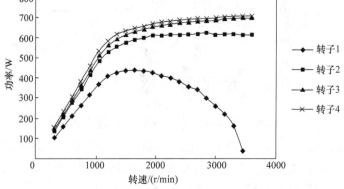

图 2-31　不同电机输出功率随转速变化曲线

2.4.6　永磁体剩磁对电机参数及性能的影响

在相同的电机结构下研究电机的电感参数随永磁体剩磁的变化规律，如图 2-32 所示。

由图 2-32 可知，交、直轴电感都随永磁体剩磁的增加而下降，其中交轴电感下降幅度更大。交、直轴电感差值先增加后减小，故存在一个最佳的剩磁范围，使磁阻转矩较大。剩磁在 0.1 ~ 0.4T 范围内时，电机的交轴电感下降不多，但直轴电感下降迅速，使交、直轴电感差值随剩磁增加有所提升；剩磁超过 0.4T 后，交轴电感下降迅速，而直轴电感基本不变，交、直轴电感差值迅速减小。这是由于永磁体剩磁较低时，交轴磁路中的转子导磁通道饱和程度较小，交轴电感下降不多，而永磁体端部漏磁可以使直轴磁路的转子隔磁桥非常饱和，直

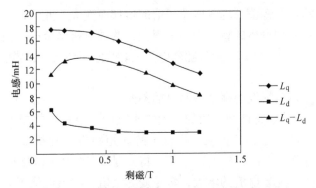

图 2-32　永磁体剩磁对交、直轴电感的影响

轴电感下降较多；当永磁体剩磁较高时，交轴磁路中的转子导磁通道饱和程度较大，交轴电感下降迅速，直轴磁路中的转子隔磁桥已经非常饱和，磁力线大多从气隙上通过，直轴电感下降较为缓慢。

　　不同永磁材料的永磁辅助同步磁阻电机转矩随电流角的变化曲线也有所不同，图 2-33 对比了永磁辅助同步磁阻电机分别采用铁氧体永磁体（$B_r = 0.42T$）和钕铁硼永磁体（$B_r = 1.2T$）的转矩特性。

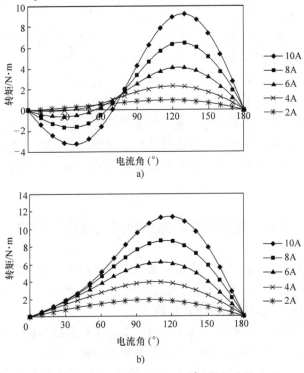

图 2-33　电磁转矩随电流角度变化曲线
a）样机 1（$B_r = 0.42T$）　b）样机 2（$B_r = 1.2T$）

两种电机的转矩幅值都随着电流幅值的增加而变大。此外，在相同的电流幅值下，电流角对两种电机的转矩影响都很大，两种电机单位电流输出最大转矩时的电流角都位于90°～135°，并且随着电流的增大，产生最大转矩的电流角逐渐加大。

两种电机的转矩特性也存在着明显的不同：

1）样机2的转矩特性和一般的内置式永磁同步电机非常相近，在0°～180°电流角范围内，转矩全部为正值。样机1的转矩特性与样机2有很大不同，在0°～180°电流角范围内，转矩有正有负，特别是在0°～60°范围内，电流幅值很小时转矩为正值，随着电流的增大，转矩变为负值，并且电流越大，反向转矩越大。永磁辅助同步磁阻电机的这种转矩特性对电机控制提出了更高的要求。

2）两台样机在不同电流幅值下的最优电流角不同，样机1的最优电流角都大于样机2。这说明样机1的电磁转矩中磁阻转矩占有主导地位，这是永磁辅助同步磁阻电机的特色。

额定电流下最大转矩T_{max}与永磁体剩磁的关系如图2-34所示。T_{max}随着B_r的增加逐渐提升，当剩磁增

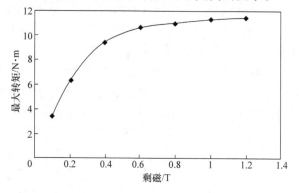

图2-34　电磁转矩随剩磁变化曲线

大到一定程度后，增速逐渐放缓。这主要是因为随着剩磁的增加，永磁体之间的导磁通道先出现饱和，电机的q轴电感减小，导致磁阻转矩下降，而后定子齿部及轭部磁路也出现了局部饱和，电机永磁转矩增速放缓，电机的电磁转矩基本保持不变。

2.5　电机参数对输出转矩及功率的影响

在考虑电流、电压限制时，电机的参数对输出特性有较大影响，下面对几种不同参数电机的输出特性进行对比分析。

2.5.1　最小直轴磁链对输出特性的影响

永磁辅助同步磁阻电机在高速运行时，需要进行弱磁控制，通过对永磁体施加反向磁场，减少d轴磁通，抑制转速上升和输出转矩加大带来的电机端电压升高。电机绕组上可输入的最大电流I_{am}一般由永磁体可承受的最大退磁磁场强度以及绕组最大电流密度等决定，施加最大反向d轴电流时对应的电机d轴磁链为

ψ_{dmin}，$\psi_{\text{dmin}} = \psi_{\text{PM}} - L_{\text{d}} I_{\text{am}}$。这里先分析不同 ψ_{dmin} 值下电机的输出转矩和输出功率随速度的变化关系。表 2-3 中给出了 7 种不同 ψ_{dmin} 值的电机参数，转子结构基本相同，主要通过调整永磁体用量改变电机的 ψ_{dmin}，电机编号越大，ψ_{dmin} 值越小，其中 #7 电机为不含永磁体的同步磁阻电机。所有电机的凸极比 ρ 都设定为 4，恒转矩运行的最大转速（转折速度）为 3000r/min，最大运行电压和最大运行电流也相同。为了简化分析，忽略了定子电阻。

表 2-3　不同样机参数

电机编号	ψ_{dmin}/mWb	ψ_{PM}/mWb	L_{d}/mH	L_{q}/mH
#1	80	145.28	5.44	21.76
#2	40	112.6	6.05	24.2
#3	20	95.576	6.298	25.192
#4	0	78.12	6.51	26.04
#5	−20	60.16	6.68	26.72
#6	−40	41.84	6.82	27.28
#7	−83.88	0	6.99	27.96

不同参数电机输出转矩、输出功率随转速的变化曲线如图 2-35 所示。

从图 2-35 中看出，ψ_{dmin} 值越大，产生的最大转矩越大。当 $\psi_{\text{dmin}} > 0$ 时，ψ_{dmin} 值越大，恒功率输出范围越窄，最高转速越低。当 ψ_{dmin} 为负值时，理论上最高转速变成无穷大，但是随着 ψ_{dmin} 的减少，最大输出功率降低，恒功率输出范围也变窄。可获得较大输出功率以及最大恒功率输出范围的理想条件是 $\psi_{\text{dmin}} = 0$，即 $\psi_{\text{PM}} = L_{\text{d}} I_{\text{am}}$。

如果最大电流 I_{am} 是由电机的绝缘等级或绕组最大电流密度限制的，则 I_{am} 通常是指在连续运转下的最大电流，电机电流短时间超出 I_{am} 也不会损坏电机。

图 2-36 所示为表 2-3 的 #3 电机在电流超出 I_{am} 时，不同短时电流下的输出转矩和输出功率随转速的变化曲线。通过提高最大电流 I_{am}，可增大输出转矩和输出功率。但在 I_{am} 超过 $\psi_{\text{PM}}/L_{\text{d}}$ 的场合，即 $\psi_{\text{dmin}} < 0$ 时，高速区域的输出特性逐渐接近图中的 $I_{\text{am}} = \psi_{\text{PM}}/L_{\text{d}}$ 曲线。

2.5.2　凸极比对输出特性的影响

凸极比是永磁辅助同步磁阻电机的重要参数，一般来说凸极比越大，电机的磁阻转矩占总电磁转矩的比例越大。本节将阐述凸极比大小对电机磁阻转矩占比以及效率的影响。

表 2-4 给出了 3 种不同凸极比电机的参数。其中最大电流 I_{am}、最大电压 V_{am}、定子电阻 R_{s}、铁损电阻 R_{c} 均相同，转折速度均为 1750r/min，最小 d 轴磁链 ψ_{dmin} 也基本相同。

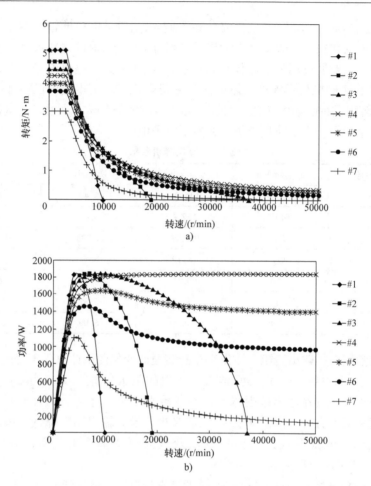

图 2-35 不同 ψ_{dmin} 的永磁辅助同步磁阻电机的输出特性曲线

a) 转速与输出转矩曲线 b) 转速与输出功率曲线

表 2-4 3 种不同凸极比电机的参数

电机编号	#1	#2	#3
凸极比	1	3	6
ψ_{PM}/Wb	0.3443	0.2014	0.1113
L_{d}/H	0.1787	0.1035	0.0560
L_{q}/H	0.1787	0.3104	0.3362
R_{s}/Ω	12.0		
R_{c}/Ω	2000		
V_{am}/V	200		
I_{am}/A	1.9		
ω_{base}/(r/min)	1750		

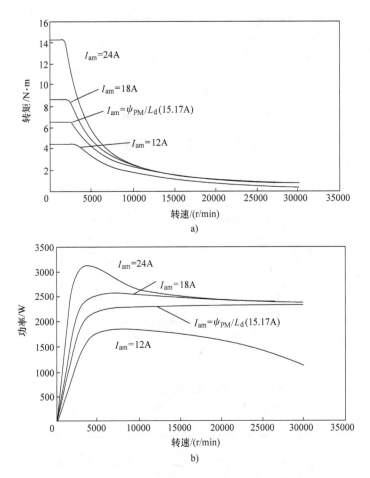

图 2-36　不同电流限制值的输出特性曲线
a）转速与输出转矩曲线　b）转速与输出功率曲线

　　3 种电机的输出转矩及输出功率随转速的变化曲线如图 2-37 所示。由于最小 d 轴磁链 ψ_{dmin} 基本相同，因此输出转矩及输出功率随转速的变化曲线也基本一致。

　　将 K_{re} 定义为磁阻转矩在电磁转矩中的占比，ω_{ov} 定义为空载感应电动势达到电压限制值时的速度。在电机最小 d 轴磁链 ψ_{dmin} 相同的前提下，电机 K_{re}、$\omega_{\text{ov}}/\omega_{\text{base}}$ 随凸极比的变化曲线如图 2-38 所示。随着凸极比的增大，K_{re} 逐渐提升，并且在转折速度以上的高速弱磁区域 K_{re} 很高。这是因为凸极比较小电机的电磁转矩是以永磁转矩为主，磁阻转矩为辅的，而凸极比大的电机则是以磁阻转矩为主，永磁转矩为辅的。

　　如果在相同的最大电流 I_{am} 下要输出一样的转矩，则需通过提高电机凸极比，

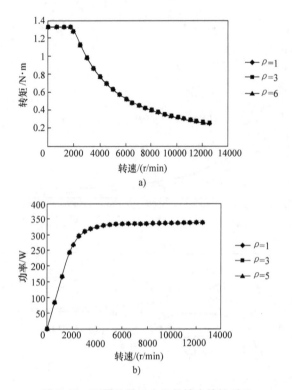

图 2-37 不同凸极比电机的输出特性对比

a) 转速与输出转矩曲线　b) 转速与输出功率曲线

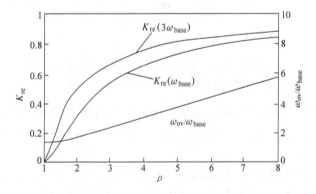

图 2-38 磁阻转矩比与空载电压限制值时的速度曲线

增大电机的磁阻转矩占比,从而降低永磁体磁链 ψ_{PM},降低电机空载感应电动势,提高空载感应电动势达到电压限制值时的速度 ω_{ov}。在 ω_{ov} 以上的高速区域会产生以下问题:

1)即使是无负载状态,为将端电压限制在最大电压以下,仍需增加去磁的

d 轴电流，从而导致电机的铜损增加；

　　2）驱动电机的控制器因异常保护断开时，有可能在电机端子上产生过大的感应电动势而损坏控制器。

　　因此，我们希望 ω_{ov} 越高越好。增大电机凸极比，减小 ψ_{PM}，使电机磁阻转矩大于永磁转矩都可以显著提高 ω_{ov}。

　　为了研究凸极比对电机在转折速度以上的高速区域运行特性的影响，3 种不同凸极比电机分别在 50W 及 200W 恒功率运行时的电流和效率对比曲线如图 2-39 所示。从电流曲线可以看出，在相同的输出功率下，随着转速的上升，凸极比小的电机电流增加较大，并且功率越小，电流随转速的上升越快。这主要是由于凸极比小的电机永磁体磁链 ψ_{PM} 较大，随速度的增加感应电动势升高明显。为抑制这种电压的升高，在电机高速运行时需要通入更大的去磁电流。

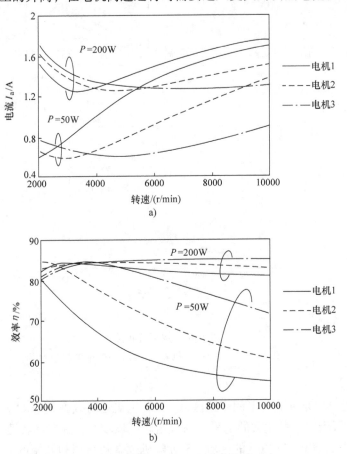

图 2-39　不同转速下电机电流和效率对比

a）速度 - 电流曲线　b）速度 - 效率曲线

从效率曲线可以看出，在高速区域，凸极比大的电机效率更高，随着转速的上升，3 种凸极比电机的效率差距变大。在相同的转速下，电机在输出功率为50W 时的效率差距比 200W 时的效率差距要大。

3 种不同凸极比电机的效率分布如图 2-40 所示。3 种电机最高效率大致相同，但高效率运转区域有所不同。

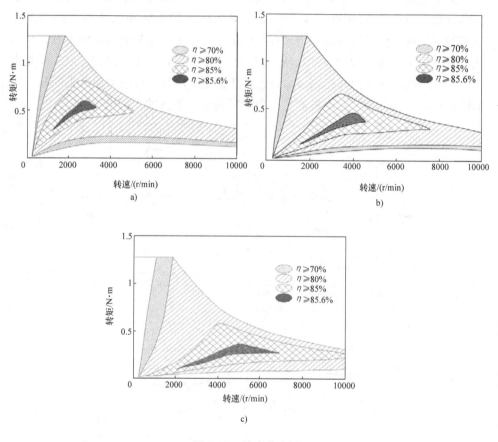

图 2-40　效率分布图
a）电机 1（$\rho=1$）　b）电机 2（$\rho=3$）　c）电机 3（$\rho=6$）

转速在 2000r/min 以上的高速区域，3 种电机运行效率超过 85% 的运行区间如图 2-41 所示，凸极比大的电机，高效运转区域较大，并向高转速一侧移动。

转速在 2000r/min 以下的区域，3 种电机效率随转速和转矩的分布如图 2-42所示。要实现相同的效率，凸极比小的电机应该更靠近低转速、高转矩区域，而凸极比大的电机应该更靠近高转速、低转矩区域。

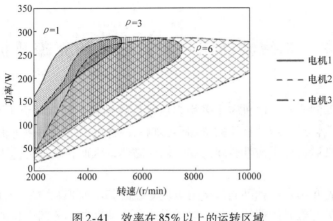

图 2-41　效率在 85% 以上的运转区域

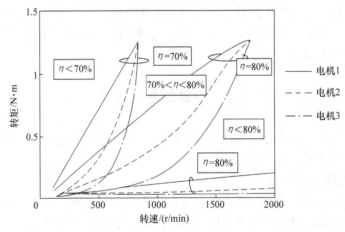

图 2-42　低转速区域效率比较

第3章　永磁辅助同步磁阻电机的充磁及抗退磁

永磁辅助同步磁阻电机转子采用多层永磁体结构，可以增大电机的凸极比，从而增加磁阻转矩。但凸极比的增加会影响永磁体的充磁。另一方面，永磁辅助同步磁阻电机通常使用磁性较弱的铁氧体永磁体，因此，抗退磁能力是重要的设计关注点。

本章首先介绍永磁辅助同步磁阻电机充磁的基本原理和方法，分析永磁辅助同步磁阻电机充磁时的偏转转矩。然后阐述永磁辅助同步磁阻电机的退磁原理及磁路模型，研究转子各层永磁体退磁的一致性问题，深入探讨永磁体层数、永磁体厚度、极弧系数、隔磁桥、充磁方向、永磁体沉入深度、绕组形式、定子裂比、极对数等参数对电机抗退磁能力的影响。

3.1　充磁的基本原理

永磁体在加工完成后一般没有磁性或磁性未能达到最佳状态，需要利用外加磁场对永磁体进行充磁。

3.1.1　永磁体磁化原理

永磁体从无磁性状态开始，受到一个从零起单调递增的磁化磁场的作用，磁感应强度随磁场强度变化的曲线称为磁化曲线，如图 3-1 所示。

磁化曲线是表征永磁体特性的曲线。曲线的形状与永磁体的材料成分、加工方法、热处理方式、切割方向等因素有关。

如图 3-1 所示，当外加磁化磁场 $H = 0$ 时，磁感应强度 $B = 0$，永磁体处于磁中性状态，其内部各个磁畴的自发磁化强度是杂乱取向的。当 H 从 0 开始增加时，B 随着 H 的增加而增加，磁化可以分为 4 个阶段。

第 1 阶段（曲线 Oa）。磁场强度 H 取值为 $0 \sim H_a$ 范围内的任意值时，若将 H 减小到 0，则 B 会按照原来的曲线（即 aO 曲线）返回到原点（O 点），这段的磁化过程称为可逆磁化过程。

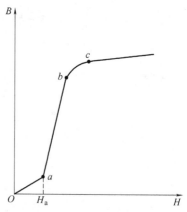

图 3-1　永磁体磁化曲线

第 2 阶段（曲线 ab），其斜率快速增大。当外加的磁化磁场超过 H_a 后，如果将 H 减小，则 B 与 H 的关系不会沿着原来的曲线（ba）返回出发点，这个阶段的磁化过程是不可逆的。从永磁体内部的磁畴变化来看，以上两个阶段的磁化过程是畴壁位移的磁化过程。在这一磁化过程中，相邻的两个自发磁化强度取向不同的磁畴处在外磁场中时，其中自发磁化强度取向与外磁场较为接近的一个在能量上是有利的，而取向相反的磁畴在能量上是不利的。因此，在外加磁化磁场的作用下，使得前一个磁畴的体积不断扩大，而后一个磁畴的体积不断减小。这两个磁畴体积大小的相对变化，是通过磁畴壁的位移运动来实现的，所以称为畴壁位移的磁化过程。第 1 阶段叫做畴壁位移的可逆部分，第 2 阶段叫做畴壁位移的不可逆部分。

第 3 阶段（曲线 bc），该阶段斜率要比第 2 阶段小。在一般情况下，当畴壁位移磁化后，整个磁体的自发磁化强度大致上建立了同一方向的取向，接着为了使磁化进一步增强，永磁体中自发磁化强度就由原来的方向转向外磁场方向，这一过程通常称为旋转磁化过程或畴转过程。畴壁位移过程需要的外加磁化磁场较小，而要使磁畴转动过程发生，则需要较大的外加磁化磁场。

第 4 阶段（c 点以上的曲线），曲线的斜率再次降低，$B - H$ 关系曲线成为一条直线。事实上，这种情况只有当磁化磁场增加到十分大时才会出现。这一阶段称为技术磁化饱和阶段。所谓磁化饱和，就是指永磁体在受到足够强的外加磁场的作用下，磁感应强度不再随着磁化磁场 H 的增加而增加，永磁体内所有磁矩全部转向外加磁化磁场的方向。至此，永磁体磁化至饱和，这时的磁场强度称为饱和磁化磁场强度，用 H_s 表示，对应的磁感应强度称为饱和磁感应强度，用 B_s 表示。

3.1.2　充磁磁场产生方式

常用的充磁磁场产生方式有以下 3 种：

（1）利用电磁铁产生恒定磁场。这是最直接的产生磁化磁场的方法。由于线圈中通过的电流峰值有限，不宜太大，因此一般电磁铁所产生的磁场最大也只能达到 1～2T。对于矫顽力较高的钕铁硼永磁材料，则至少需要 5T 或更高的磁化磁场才能将其磁化至饱和状态。

（2）超导线圈产生超强稳定磁场。将硬超导线绕制的线圈冷却到临界温度以下，由于其电阻为零，没有线圈损耗，因此通以大电流能够产生超强磁场。但维护起来相当麻烦，且非常昂贵。

（3）脉冲磁场。在瞬间产生一个极大的脉冲电流流过充磁线圈而产生磁化磁场。这种方式能够产生很强的磁场，充磁时间短，效率高。

目前应用较多的充磁磁场是脉冲磁场，典型的脉冲充磁电路如图 3-2 所示。当开关 K1 闭合，K2 断开时，电源对电容 C 进行充电，电容电压达到设定

值 U_0 时断开 K1，此时再闭合开关 K2，则电容 C 与放电回路电阻 R（包括线路、线圈等整个回路的总电阻）和线圈电感 L 组成 RLC 放电回路。可列出电容电压 u_C 为未知量的常系数二阶线性齐次微分方程如下：

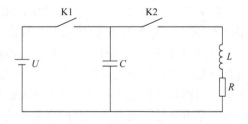

图 3-2　电容放电脉冲电路示意图

$$LC\frac{d^2 u_C}{dt^2} + RC\frac{du_C}{dt} + u_C = 0 \quad (3-1)$$

由初始条件 $t = 0^+$ 时，$u_C = U_0$，$i = 0$，可得

（1）当 $R > 2\sqrt{\dfrac{L}{C}}$ 时，电流表达式为

$$i = \frac{U_0}{L(P_1 - P_2)}(e^{P_1 t} - e^{P_2 t}) \quad (3-2)$$

电流波形为有阻尼的正向脉冲波形，令 $\dfrac{di}{dt} = 0$，求得电流达到最大的时刻 $t_m = \dfrac{\ln\dfrac{P_2}{P_1}}{P_1 - P_2}$，最大电流为

$$i_{max} = \frac{U_0}{L(P_1 - P_2)}\Big[\Big(\frac{P_2}{P_1}\Big)^{\frac{P_1}{P - P_2}} - \Big(\frac{P_2}{P_1}\Big)^{\frac{P_2}{P - P_2}}\Big] \quad (3-3)$$

（2）当 $R = 2\sqrt{\dfrac{L}{C}}$ 时，电流表达式为 $i = \dfrac{U_0}{L}te^{-\delta t}$，电流波形为临界阻尼的正向脉冲波，求得电流达到最大的时刻 $t_m = \dfrac{2L}{R}$，最大电流 $i_{max} = \dfrac{2U_0}{eR}$；

（3）当 $R < 2\sqrt{\dfrac{L}{C}}$ 时，电流表达式为

$$i = \frac{U_0}{\omega L}e^{-\delta t}\sin\omega t \quad (3-4)$$

电流波形为有阻尼的减幅振荡正弦波，可求得电流达到最大的时刻 $t_m = \dfrac{\psi}{\omega}$，脉冲电流的第一个峰值为

$$i_{max} = \frac{U_0}{\omega L}e^{-\delta\frac{\psi}{\omega}}\sin\psi \quad (3-5)$$

式（3-2）~式（3-5）中

$$P_1 = -\frac{R}{2L} + \sqrt{\Big(\frac{R}{2L}\Big) - \frac{1}{LC}}, \quad P_2 = -\frac{R}{2L} - \sqrt{\Big(\frac{R}{2L}\Big) - \frac{1}{LC}}, \quad \delta = \frac{R}{2L}, \quad \omega_0{}^2 = \frac{1}{LC}, \quad \omega =$$

$\sqrt{{\omega_0}^2 - \delta^2}$，$\sin\psi = \dfrac{\omega}{\omega_0}$。

3 种情况的脉冲放电电流波形如图 3-3 所示。

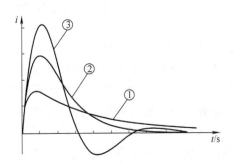

由图可知，①和②两种情况下的电流均可以对永磁体进行充磁，第③种情况的脉冲电流为正弦振荡波形，脉冲电流峰值最大，产生的充磁磁场最强，但存在负的充磁电流，由此产生的反向磁场可能会造成永磁体充磁后又发生退磁。通过

图 3-3　脉冲放电电流波形

电力电子器件作为开关串入电路，可以得到正弦振荡脉冲电流的第一个半周期波形，也可以用于脉冲充磁。

3.1.3　电机充磁工艺

目前常见的电机充磁方式有两种，一种是给单片永磁体充磁后，再进行电机装配；另一种是先把未充磁的永磁体装入电机后再进行充磁，也就是整体充磁。前一种先充磁后装配的方法生产效率低，充磁后的永磁体很容易吸附异物，给后续装配带来困难。由于永磁体之间存在磁力，难以保证装配质量。而整体充磁工艺简单，对装配影响较小，可以提高电机质量和生产效率。

电机整体充磁也有两种方式，一种是在电机装配后，通过给电机定子施加电流，利用定子产生的磁场进行充磁。这种充磁方式下电机装配的工艺性较好，但受绝缘要求的限制，充磁电流不宜过大，无法产生较大的充磁磁场。此外定子产生的充磁磁场难以调节，当定子为集中绕组结构时，在相邻的两个永磁体上产生的充磁磁场是不同的，N、S 极永磁体无法全部充磁饱和。另一种整体充磁方式是通过特定的充磁头及线圈产生的磁场给电机充

图 3-4　6 极永磁电机充磁头及充磁线圈

磁，充磁头与线圈如图 3-4 所示。这种方法可以灵活设计充磁头，调整充磁磁场，充磁线圈可以设置冷却系统，以提供较高的充磁磁场，缩短充磁时间，是目前小型永磁电机充磁的主要方式。

3.2　永磁辅助同步磁阻电机的充磁问题

3.2.1　转子充磁受力分析

　　永磁辅助同步磁阻电机中永磁体的主要作用是产生辅助永磁转矩和提高功率因数，通常采用性能较差的铁氧体永磁体。在实际应用中发现，铁氧体永磁辅助同步磁阻电机充磁时存在较大的问题，即在转子充磁时，如果转子磁极中心与充磁头磁极中心不对齐，则转子会受到一个很大的偏转转矩。例如在家用空调制冷压缩机电机中，转子是单轴承支撑结构，充磁时转子难以精确固定，如图3-5所示。偏转转矩会使电机转子充磁时产生明显的振动，严重时会导致转子扭曲、永磁体碎裂，如图3-6所示。

图3-5　家用空调压缩机泵体转子

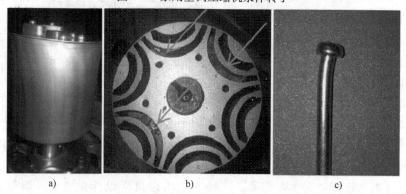

a)　　　　　　　　　　　　b)　　　　　　　　　　　　c)

图3-6　充磁时偏转转矩对转子的破坏
a）铁心扭曲　b）永磁体碎裂　c）螺钉弯曲

以额定输出转矩为 9N·m 的电机为例，通过建立有限元仿真模型，如图3-7
所示，对比分析永磁辅助同步磁阻电机与稀土永磁同步电机在转子偏转不同角度
时的转子受力情况。

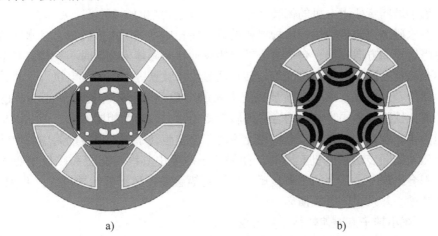

a)　　　　　　　　　　　　　　　　　　b)

图 3-7　电机充磁仿真模型

a）钕铁硼永磁体电机　b）铁氧体永磁辅助同步磁阻电机

按照铁氧体永磁体充磁饱和磁场强度为 800kA/m，钕铁硼永磁体充磁饱和
磁场强度为 2400kA/m 计算，两种电机充磁饱和时转子偏转转矩计算见表 3-1。
其中偏转转矩与偏转方向相同为正转矩，相反为负转矩。

表 3-1　不同电机充磁偏转转矩随偏转角度变化

铁氧体永磁辅助同步磁阻电机			
偏转角度（°）	磁阻转矩/N·m	永磁转矩/N·m	合成转矩/N·m
1	26.02	−5.46	20.56
2	50.51	−12.45	38.06
3	66.54	−17.84	48.7
4	77.99	−22.04	55.95
5	86.27	−24.77	61.5
钕铁硼永磁同步电机			
偏转角度（°）	磁阻转矩/N·m	永磁转矩/N·m	合成转矩/N·m
1	4.15	−6.87	−2.72
2	7.62	−12.78	−5.16
3	11.39	−18.97	−7.58
4	15.29	−24.09	−8.8
5	19.26	−31.23	−11.97

在永磁体开始充磁时，转子偏转转矩只有磁阻转矩，在相同的偏转角度下，铁氧体永磁辅助同步磁阻电机的偏转转矩大约是钕铁硼永磁同步电机的 4 ~ 6 倍，两种电机的偏转转矩都是随偏转角的加大而上升的，当偏转角度为 1° 时，铁氧体永磁辅助同步磁阻电机的偏转转矩达到了额定转矩的 2.89 倍。

在永磁体充磁饱和后，两种电机的偏转转矩中增加了永磁转矩，且永磁转矩和磁阻转矩的方向相反，合成的偏转转矩反而比永磁体未充磁时小一些，其中铁氧体永磁辅助同步磁阻电机的偏转转矩明显大于钕铁硼永磁同步电机。

此外，铁氧体永磁辅助同步磁阻电机的合成偏转转矩与磁阻转矩为相同方向，而钕铁硼永磁同步电机的合成偏转转矩与永磁转矩为相同方向。因此以永磁转矩为主的钕铁硼永磁同步电机在充磁时不会发生转子受力偏转的问题。而铁氧体永磁辅助同步磁阻电机充磁时，如果转子磁极中心线与充磁头磁极中心线偏移，则会出现一个很大的磁阻转矩，且该转矩会使得转子偏转角度进一步加大，对转子铁心及永磁体造成损坏。

3.2.2　减小转子充磁偏转转矩的方法

为了减小铁氧体永磁辅助同步磁阻电机充磁时的偏转转矩，一般的方法是增加工装的精度，减少偏转角度，从而减小偏转转矩。但在实际应用中，由于受充磁工装和电机安装结构限制，很难避免转子磁极中心线与充磁头磁极中心线的偏移，因此还必须探讨其他方法。

为此研究了充磁头与转子间的充磁气隙对偏转转矩的影响。以额定输出转矩为 9N·m 的铁氧体永磁辅助同步磁阻电机为例，对比分析了 0.35mm、0.6mm、1.0mm、2.0mm 气隙下电机充磁时的偏转转矩，见表 3-2。

表 3-2　不同气隙下电机充磁偏转转矩随角度变化

气隙 = 0.35mm，充磁电流峰值 = 2000A			
偏转角度（°）	磁阻转矩/N·m	永磁转矩/N·m	合成转矩/N·m
1	26.02	−5.46	20.56
2	50.51	−12.45	38.06
3	66.54	−17.84	48.7
4	77.99	−22.04	55.95
5	86.27	−24.77	61.5
气隙 = 0.6mm，充磁电流峰值 = 2000A			
偏转角度（°）	磁阻转矩/N·m	永磁转矩/N·m	合成转矩/N·m
1	24.45	−6.36	18.09
2	46.36	−11.16	35.20
3	62.33	−16.05	46.28
4	75.11	−21.21	53.90
5	84.92	−24.63	60.29

（续）

气隙 = 1mm，充磁电流峰值 = 2000A			
偏转角度（°）	磁阻转矩/ N·m	永磁转矩/ N·m	合成转矩/ N·m
1	22.08	− 6.54	15.54
2	43.00	− 12.63	30.37
3	58.69	− 16.4	42.29
4	72.58	− 21.00	51.58
5	84.50	− 25.10	59.40
气隙 = 2mm，充磁电流峰值 = 2300A			
偏转角度（°）	磁阻转矩/ N·m	永磁转矩/ N·m	合成转矩/ N·m
1	21.64	− 6.41	15.23
2	41.12	− 11.72	29.40
3	58.55	− 16.71	41.84
4	74.48	− 21.4	53.08
5	88.46	− 26.02	62.44

可以看出，在保证永磁体充磁饱和的情况下，充磁头与转子的气隙大小对偏转转矩有一定影响。在偏转角度较小时，增大气隙，偏转转矩减小较多；在偏转角度较大时，气隙对偏转转矩影响较小。气隙从 0.35mm 增加到 1mm，充磁饱和电流相同时，偏转转矩有明显的下降。气隙增加到 2mm，充磁饱和电流需要增加到 2300A，偏转转矩下降很少。因此，设计一个合理的气隙，可以使偏转转矩明显下降，并且充磁饱和电流不会明显增加。

3.3 退磁的基本原理

在永磁电机的运行过程中，电机中的永磁体经常会承受一定的反向磁场。尤其是电机运行在恶劣工况、电机起动失败、故障停机的时候，控制器会产生一个较大的瞬时电流，在永磁体上施加一个很大的瞬时反向磁场，这个反向磁场通常比正常运行时定子磁场中的去磁分量大很多，电机永磁体存在退磁的风险，特别是采用抗退磁能力较弱的铁氧体永磁体电机时风险更大，因此有必要进行电机抗退磁方面的研究分析。

3.3.1 磁滞回线及退磁曲线

通常采用磁滞回线来描绘永磁材料的磁化过程，即磁感应强度 B 随磁场强度 H 改变的特性。将永磁材料循环磁化，可以得到一个闭合回线 $abcdefa$，称为永磁材料的磁滞回线，如图 3-8 所示，B 的变化滞后于 H 的变化，当 H 降为 0

时，B 的值为 B_r，这种现象称为磁滞特性，B_r 称作剩余磁感应强度，单位为 T。要使 B 的值变为 0，必须加上一个相应的反向外磁场，该反向磁场强度的数值称为矫顽力，以 H_c 表示，单位为 A/m。

永磁材料的磁滞回线包含的面积会随外加的充磁磁场强度而变化，外加的磁场强度越大，回线面积就越大。当外加的充磁磁场强度达到或超过饱和磁场强度 H_s 时，回线面积趋于稳定并达到最大。面积最大的回线被称为饱和磁滞回线。

磁滞回线在第二象限的部分称为退磁曲线。退磁曲线中磁感应强

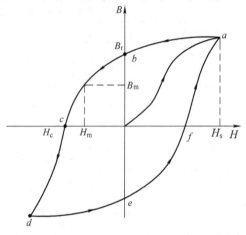

图 3-8　磁滞回线

度 B_m 为正值，而磁场强度 H_m 为负值，此时作用于永磁材料的是退磁磁场强度，为了表示方便，通常用磁场强度的绝对值来表示。退磁曲线上任一点的磁感应强度和磁场强度的乘积被称为磁能积，其最大值称为最大磁能积。

3.3.2　回复线

永磁材料在退磁磁场作用下，其退磁磁场方向一直变化，此时永磁材料的磁感应强度并不一直沿着退磁曲线方向变化，会沿着回复线做反复运动，如图 3-9 所示。当已充磁的永磁体承受磁场强度为 H_P 的退磁磁场时，磁感应强度沿着退磁曲线向 P 移动，移动到 P 点之后，若此时减小或取消退磁磁场强度，则磁感应强度沿着 PBR 移动，若再次施加退磁磁场，则磁感应强度沿着 $RB'P$ 移动。到达 P 点之后，如果继续增大退磁磁场强度，则磁感应强度沿着退磁曲线 PQ 移动，到达 Q 点之后，若此时减小或取消退磁磁场强度，则磁感应强度在 QS 回复线上移动。同理，若退磁磁场强度一直增大，则磁感应强度沿着

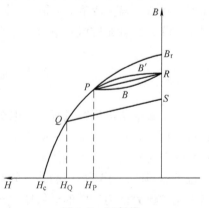

图 3-9　回复线

更下方的回复线移动。若退磁磁场强度减小，则磁感应强度不沿原路返回，而是在各自的回复线上移动。大多数情况下永磁材料退磁曲线为一条直线，但是在一些情况下，退磁曲线会出现拐点。以铁氧体永磁材料为例，低温时铁氧体永磁材料的退磁曲线在退磁磁场强度比较大时会出现拐点，拐点以上的永磁材料的回复

线与原退磁曲线重合，拐点以下的回复线则低于原退磁曲线。回复线上的剩磁小于 B_r，造成了永磁材料的不可逆退磁。

3.3.3 内禀退磁曲线

退磁曲线和回复线表征的是永磁材料对外呈现的磁感应强度 B 与磁场强度 H 之间的关系。由铁磁学理论可知，在均匀磁性材料中，磁感应强度与磁场强度间的关系为

$$B = \mu_0 M + \mu_0 H \tag{3-6}$$

式中 M——磁化强度（A/m），是单位体积磁性材料内各磁畴磁矩的矢量和，它是描述磁性材料被磁化程度的一个重要物理量；

       μ_0——真空磁导率，又称磁性常数，$\mu_0 = 4\pi \times 10^{-7} \mathrm{H/m}$。

磁感应强度 B 中含有两个分量，与真空中一样的分量 $\mu_0 H$ 和磁化后产生的分量 $\mu_0 M$，$\mu_0 M$ 称为内禀磁感应强度，用 B_i 表示。由式（3-6）可得

$$B_i = B - \mu_0 H \tag{3-7}$$

描述内禀磁感应强度 B_i 与磁场强度 H 关系的曲线 $B_i = f(H)$ 称为内禀退磁曲线，简称内禀曲线，如图 3-10 所示。

内禀退磁曲线上内禀磁感应强度为零时，相应的磁场强度值称为内禀矫顽力，其符号为 H_{cj}，单位为 A/m。H_{cj} 的值反映了永磁材料抗退磁能力的大小，稀土永磁体的内禀退磁曲线与退磁曲线

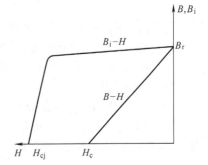

图 3-10   内禀退磁曲线与退磁曲线的关系

相差很大，H_{cj} 远大于 H_c，这表示其具有很强的抗退磁能力。

3.4 退磁磁路模型

永磁辅助同步磁阻电机转子由于采用多层永磁体结构，因此退磁的磁路相比传统的永磁同步电机更加复杂。以 3 层永磁体结构为例，建立电机的退磁磁路模型及等效磁路如图 3-11 所示。

图中 $H_1 l_{m1}$、$H_2 l_{m2}$、$H_3 l_{m3}$——内、中、外层永磁体磁势；

       R_{m1}、R_{m2}、R_{m3}——内、中、外层永磁体磁阻；

       R_{a1}、R_{a2}、R_{a3}——内、中、外层永磁体流经定子侧主磁路磁阻（包含气隙及定子齿、轭部磁阻）；

       R_{l1}、R_{l2}、R_{l3}——内、中、外层永磁体漏磁路磁阻；

       F_1、F_2、F_3——施加在内、中、外层永磁体上的退磁磁势；

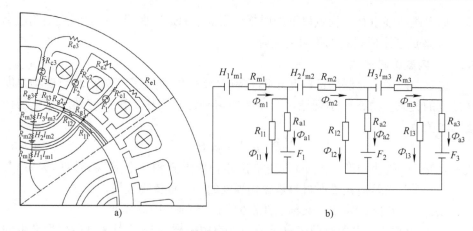

图 3-11　电机退磁磁路模型及等效磁路

a）退磁磁路模型　b）退磁磁路模型等效磁路

Φ_{m1}、Φ_{m2}、Φ_{m3}——流过内、中、外层永磁体上的磁通；

Φ_{l1}、Φ_{l2}、Φ_{l3}——内、中、外层永磁体的漏磁通；

Φ_{a1}、Φ_{a2}、Φ_{a3}——内、中、外层永磁体流向定子侧的磁通。

磁路磁势方程如下：

$$H_1 l_{m1} - R_{m1}\Phi_{m1} = R_{l1}\Phi_{l1} = R_{a1}\Phi_{a1} + F_1 \tag{3-8}$$

$$H_1 l_{m1} - R_{m1}\Phi_{m1} + H_2 l_{m2} - R_{m2}\Phi_{m2} = R_{l2}\Phi_{l2} = R_{a2}\Phi_{a2} + F_2 \tag{3-9}$$

$$H_1 l_{m1} - R_{m1}\Phi_{m1} + H_2 l_{m2} - R_{m2}\Phi_{m2} + H_3 l_{m3} - R_{m3}\Phi_{m3} = R_{l3}\Phi_{l3} = R_{a3}\Phi_{a3} + F_3$$
$$\tag{3-10}$$

磁路磁通方程如下：

$$\Phi_{m1} = \Phi_{l1} + \Phi_{a1} + \Phi_{m2} \tag{3-11}$$

$$\Phi_{m2} = \Phi_{l2} + \Phi_{a2} + \Phi_{m3} \tag{3-12}$$

$$\Phi_{m3} = \Phi_{l3} + \Phi_{a3} \tag{3-13}$$

$$\Phi_{m1} = B_1 S_1 \tag{3-14}$$

$$\Phi_{m2} = B_2 S_2 \tag{3-15}$$

$$\Phi_{m3} = B_3 S_3 \tag{3-16}$$

式中　B_1、B_2、B_3——内、中、外层永磁体的平均磁通密度；

S_1、S_2、S_3——内、中、外层永磁体的平均磁通面积。

求解出各层永磁体的平均磁通密度如下：

$$B_1 = \frac{H_1 l_{m1} R_{a1} + H_1 l_{m1} R_{l1} - F_1 R_{l1}}{R_{l1} R_{a1} S_1 + R_{m1} R_{a1} S_1 + R_{l1} R_{m1} S_1 - R_{l1} R_{a1} S_2} \tag{3-17}$$

$$B_2 = \frac{H_1 l_{m1} R_{a2} + H_1 l_{m1} R_{l2} + H_2 l_{m2} R_{a2} + H_2 l_{m2} R_{l2} - F_2 R_{l2}}{R_{l2} R_{a2} S_2 - R_{l2} R_{a2} S_3 + R_{m1} R_{a2} S_1 + R_{m2} R_{a2} S_2 + R_{l2} R_{m1} S_1 + R_{l2} R_{m2} S_2}$$
$$\tag{3-18}$$

$$B_3 = \frac{H_1 l_{m1} R_{a3} + H_1 l_{m1} R_{l3} + H_2 l_{m2} R_{a3} + H_2 l_{m2} R_{l3} + H_3 l_{m3} R_{a3} + H_3 l_{m3} R_{l3} - F_3 R_{l3}}{R_{l3} R_{a3} S_3 + R_{m1} R_{a3} S_1 + R_{m2} R_{a3} S_2 + R_{m3} R_{a3} S_3 + R_{l3} R_{m1} S_1 + R_{l3} R_{m2} S_2 + R_{l3} R_{m3} S_3}$$

$$（3-19）$$

去磁状态下，永磁体的磁通密度低于退磁曲线上拐点的磁通密度时会发生不可逆退磁，永磁体的磁通密度越低，不可逆退磁程度越大。在相同的退磁电流下，永磁体磁通密度越高，表示电机的抗退磁能力越强。

从式（3-15）~式（3-17）中可以看出，永磁体磁势对该层永磁体的抗退磁能力影响很大，永磁体磁势越强，抗退磁能力就越强。永磁体磁势主要由永磁体矫顽力和永磁体厚度决定，退磁电流在单个永磁体上产生的去磁磁势也影响该层永磁体的抗退磁能力，永磁体的磁阻、定子侧主磁路磁阻、漏磁路磁阻、永磁体磁通面积等参数对永磁体抗退磁能力都有影响，并且相关参数还影响其他层永磁体的抗退磁能力。

与传统单层永磁体的永磁同步电机不同，永磁辅助同步磁阻电机还存在各层永磁体抗退磁能力一致性的问题，单层永磁体抗退磁能力将影响到整个电机的抗退磁能力，因此在设计的时候，应尽量保证电机各层永磁体抗退磁能力的一致性。

3.5　电机结构对抗退磁的影响

永磁辅助同步磁阻电机在采用稀土类永磁体时，一般抗退磁能力会比稀土永磁体同步电机更强。如果采用非稀土类永磁体，例如铁氧体永磁体，抗退磁能力相比稀土钕铁硼永磁电机会有所下降。特别是应用在电机功率密度要求较高的场合，提升电机的抗退磁能力尤为重要。本节主要讨论电机定、转子结构对于抗退磁能力的影响，旨在结构设计上提升电机的抗退磁能力。

3.5.1　永磁体层数对抗退磁的影响

第 2 章阐述了永磁体层数对电机参数有较大的影响，永磁体层数对电机抗退磁能力也有明显的影响。相同定子条件下，采用相同的转子外径及永磁体用量，并施加 20A 的退磁电流，不同永磁体层数电机的永磁体磁通密度云图及永磁体中心线的磁通密度如图 3-12 所示。仿真所采用的铁氧体永磁体在 -20℃下，永磁体内部磁通密度低于 0.15T 时会发生不可逆退磁。本章后续仿真采用的铁氧体永磁体均为此型号。

从图 3-12 可以看出，各转子永磁体的磁通密度均为外层永磁体最高，内层永磁体最低，并从外层永磁体向内层永磁体逐渐降低，随着转子永磁体层数的增加，外层永磁体磁通密度与内层永磁体磁通密度的差距有增大的趋势，这使得各层永磁体的磁通密度均匀性变差。

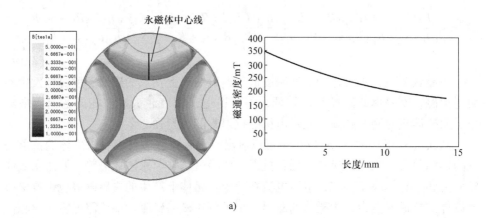

a)

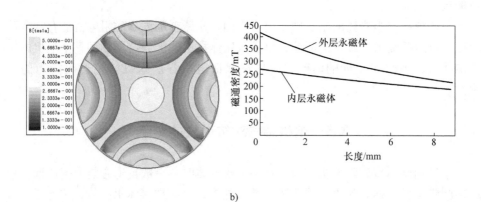

b)

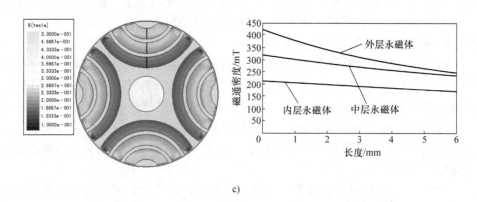

c)

图 3-12　永磁体磁通密度云图及磁通密度
a) 1 层永磁体转子　b) 2 层永磁体转子　c) 3 层永磁体转子

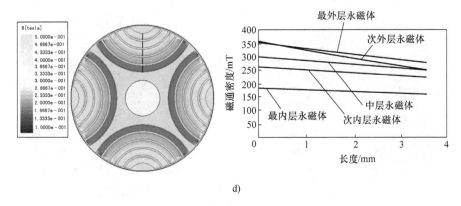

图 3-12　永磁体磁通密度云图及磁通密度（续）

d）5 层永磁体转子

当转子永磁体层数由 1 层变为 2 层时，无论外层永磁体还是内层永磁体的磁通密度均有所提升，这使得 2 层永磁体的抗退磁能力更强。变为 3 层永磁体后，外层永磁体的磁通密度有所增加，但内层永磁体的磁通密度降低较多，使得电机整体抗退磁能力反而变差。随着永磁体层数的继续增加，内层永磁体和外层永磁体的磁通密度都出现了下降，抗退磁能力进一步变差。因此从提升电机的抗退磁能力来说，电机永磁体层数设置在 2~3 层是比较好的选择。

3.5.2　充磁方向对抗退磁的影响

永磁辅助同步磁阻电机在采用低性能的永磁体，例如铁氧体永磁体时，为了增加电机的永磁转矩，通常在转子内放置更多的永磁体，永磁体大多设计为弧形。弧形永磁体通常采用平行充磁与径向充磁两种充磁方式。下面对这两种充磁方式的永磁辅助同步磁阻电机的电磁特性及抗退磁能力进行对比分析。

图 3-13 和图 3-14 所示为两种电机的磁力线分布及永磁体磁通密度矢量分布，径向充磁电机的永磁体磁场方向基本上是指向同一个点，而平行充磁电机的永磁体磁场方向是指向同一个平行的方向，径向充磁电机的内层永磁体会有更多的磁力线补充到外层永磁体后再进入气隙，而平行充磁电机的内层永磁体直接进入气隙的磁力线更多。

两种不同充磁方式的电机空载线感应电动势波形如图 3-15 所示。

在相同的转速下，与平行充磁相比，径向充磁电机的线感应电动势提升了 25%，可以增大电机的永磁转矩。主要是因为径向充磁永磁辅助同步磁阻电机的永磁体磁场方向垂直于永磁体表面，在相同的永磁体表面下，产生的有效磁通更多。但从感应电动势波形来看，径向充磁电机的感应电动势存在很多锯齿波，谐波含量较高。

两种充磁方式电机的线感应电动势谐波含量分析如图 3-16 所示。

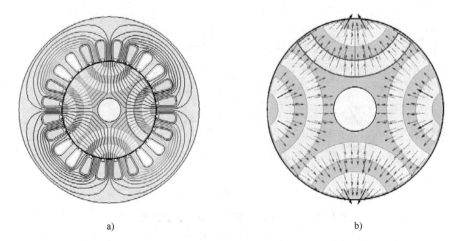

a)　　　　　　　　　　　　　　b)

图 3-13　永磁体径向充磁时空载磁力线分布及磁通密度矢量分布图

a）磁力线分布　b）磁通密度矢量分布

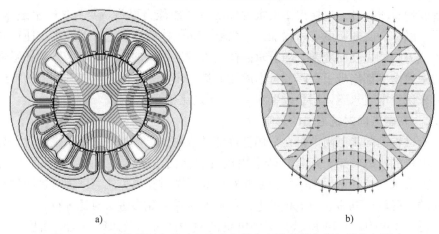

a)　　　　　　　　　　　　　　b)

图 3-14　永磁体平行充磁时空载磁力线分布及磁通密度矢量分布图

a）磁力线分布　b）磁通密度矢量分布

　　平行充磁电机的线感应电动势只有 5 次及 23 次谐波含量较高，幅值分别为基波含量的 2.7% 和 2.9%。而径向充磁电机的线感应电动势谐波非常丰富，含有 5 次、7 次、11 次、13 次、23 次、35 次等谐波，幅值分别为基波含量的 3.1%、4.7%、11.4%、5.4%、4.3%、3.34%，这种高谐波含量的感应电动势会增大电机的电磁噪声。

　　两种充磁方式对电机的抗退磁能力也有较大的影响。在相同的退磁电流下（40A），永磁体磁通密度云图对比如图 3-17 所示，径向充磁电机的内层永磁体在靠近转子中心的一侧已经发生了严重的局部退磁，而平行充磁的电机还未发生退磁。

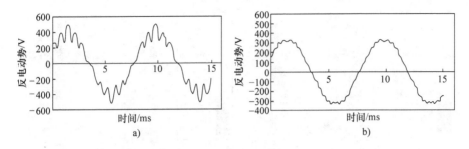

图 3-15　电机空载线感应电动势波形对比（3600r/min）

a）径向充磁　b）平行充磁

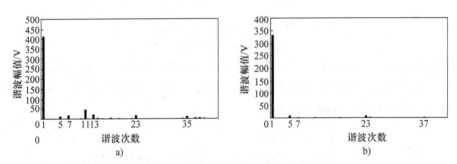

图 3-16　空载时线感应电动势谐波含量

a）径向充磁　b）平行充磁

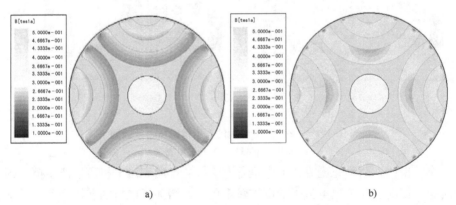

图 3-17　退磁状态下电机永磁体磁通密度云图

a）径向充磁　b）平行充磁

进一步加大退磁电流，两种充磁方式电机的永磁体磁通密度变化也有所不同。不同退磁电流下径向充磁电机的永磁体磁通密度云图如图 3-18 所示，永磁体不可逆退磁较多的位置主要分布在内层永磁体靠近转子中心的内侧，而外层永磁体基本没有发生退磁，内外层永磁体退磁的一致性较差。

不同退磁电流下平行充磁电机的永磁体磁通密度云图如图 3-19 所示，随着

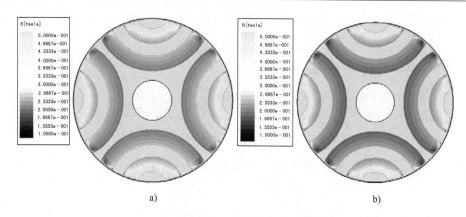

图 3-18　径向充磁电机的永磁体磁通密度云图

a）退磁电流 45A　b）退磁电流 50A

退磁电流的加大，内层永磁体靠近转子外侧的中间位置首先出现退磁，外层永磁体靠近转子外侧的中间位置也出现了局部退磁。平行充磁电机的内、外层永磁体退磁的一致性要优于径向充磁电机。

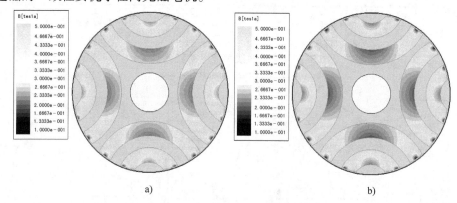

图 3-19　平行充磁电机的永磁体磁通密度云图

a）退磁电流 45A　b）退磁电流 50A

总的来说，两种充磁方式的电机各有优势。径向充磁电机可以产生更大的永磁转矩，使电机在单位电流下的电磁转矩更大，增加了电机的转矩密度。而平行充磁电机的感应电动势谐波含量更低，有利于降低电机的电磁噪声，平行充磁电机的抗退磁能力也强于径向充磁电机。可以根据对电机能效、噪声、抗退磁能力的需求，灵活选择永磁辅助同步磁阻电机永磁体的充磁方向。本书后续研究的电机定、转子结构对抗退磁能力的影响，都是在抗退磁较强的平行充磁电机上进行的。

3.5.3　永磁体厚度对抗退磁的影响

永磁体厚度对电机性能有较大的影响。通常来说，永磁体厚度越大，永磁体产生的空载气隙磁通密度越大，可以使电机获得的空载感应电动势越大，从而降低电机的绕组负载电流，但电机的材料成本也会增加。

为了研究了永磁体厚度对电机抗退磁能力的影响，选取相同的定子，并在定子上施加相同的退磁电流，即转子永磁体承受相同的反向磁场，电机转子内、外层永磁体厚度相同，对比永磁体厚度分别为 4mm、6mm、8mm、10mm 的永磁辅助同步磁阻电机的抗退磁能力。图 3-20 所示为 4 种电机永磁体磁通密度云图，随着永磁体厚度的增加，永磁体上的最小磁通密度有所提升，低磁通密度区域也在逐渐变小，电机的抗退磁能力在逐渐增加。

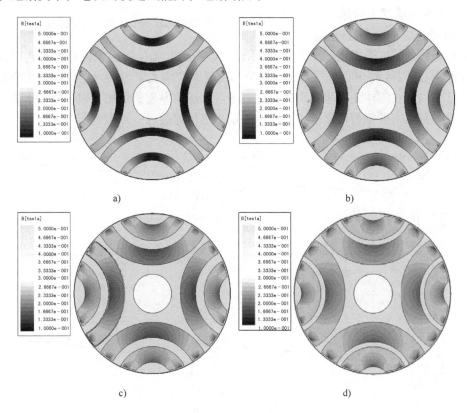

图 3-20　不同厚度永磁体磁通密度云图

a) 永磁体厚度 4mm　b) 永磁体厚度 6mm　c) 永磁体厚度 8mm　d) 永磁体厚度 10mm

不同厚度永磁体的电机发生局部不可逆退磁的电流如图 3-21 所示，永磁体厚度与退磁电流的关系可以分为 3 个区间。在永磁体厚度为 2 ~ 4mm 的区间，永磁体发生局部不可逆退磁电流随厚度的增加迅速提升；在 4 ~ 9mm 的区间，提升速度有所放缓；厚度超过 9mm 以后的区间，退磁电流提升很少。综合电机的抗退磁能力和成本考虑，永磁体厚度选择在第 2 区间的末端比较合适。

从图 3-20 还可以看出，电机内层永磁体和外层永磁体的磁通密度也有较大差别。4 种电机的磁通密度最小区域基本都集中在永磁体的中心处，永磁体中心线上的磁通密度反映了永磁体的最小磁通密度。4 种电机发生局部不可逆退磁时，内、外层永磁

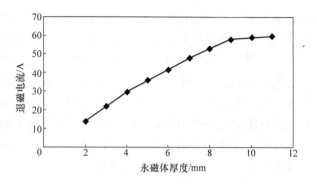

图 3-21　退磁电流随永磁体厚度变化关系

体中心线处的磁通密度如图 3-22 所示，中心线的起始位置为永磁体靠近转子外侧的中心处。4 种电机外层永磁体的最小磁通密度均大于内层永磁体的最小磁通密度，内层永磁体先发生不可逆退磁。随着永磁体厚度的增加，内、外层永磁体的最小磁通密度差值逐渐缩小，内、外层永磁体退磁的一致性有所改善。

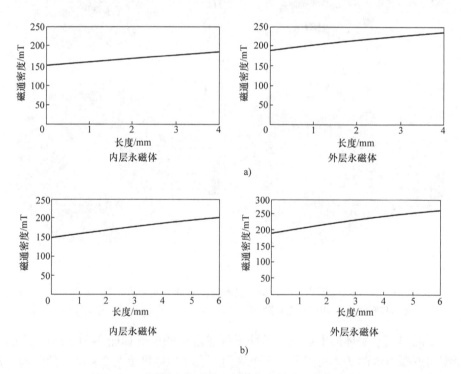

图 3-22　不同厚度永磁体电机的永磁体中心线磁通密度

a）永磁体厚度 4mm　b）永磁体厚度 6mm

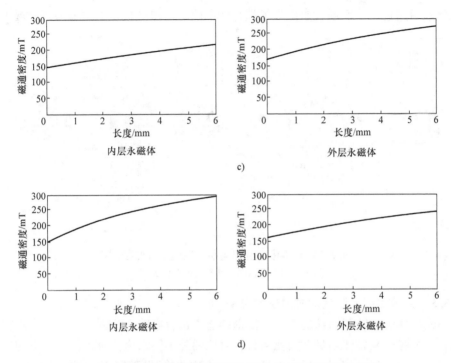

图 3-22 不同厚度永磁体电机的永磁体中心线磁通密度（续）

c）永磁体厚度 8mm d）永磁体厚度 10mm

同一永磁体在靠近转子内表面与外表面的磁通密度也有较大的差别，无论内层永磁体还是外层永磁体，都是外表面的磁通密度要低于内表面。随着永磁体厚度的增加，内层永磁体在中心线上的磁通密度变化幅度也在增加，单个永磁体在转子径向的退磁一致性变差。而外层永磁体的变化规律不同，随着永磁体厚度的增加，外层永磁体在中心线上的磁通密度变化幅度先增大后减小。此外永磁体厚度对电机性能有较大的影响，设计时需综合考虑。

3.5.4 极弧系数对抗退磁的影响

极弧系数是指永磁体在圆周上的最大弧度与整个极距的比值，是电机设计中的一项重要参数。对于一般的永磁电机来说，选择较大的极弧系数，可以在转子中放置更多的永磁体。极弧系数对电机齿槽转矩有较大影响，同时对永磁辅助同步磁阻电机的抗退磁能力也有一定影响。

两种电机的定子完全相同，给定相同的退磁电流，两种不同极弧系数电机的永磁体磁通密度云图如图 3-23 所示。可以看出，在相同的反向磁场下，极弧系数较大的电机永磁体磁通密度要大于极弧系数较小的电机，极弧系数较大的电机具有更强的抗退磁能力。一方面极弧系数大，永磁体提供磁通的面积增加，永磁体产生的磁场增强，另一方面极弧系数越大，可以使得相邻两个异极性的内层永磁体靠得越近，从而增大永磁体槽端部的漏磁，使得电机抗退磁能力有所增加。

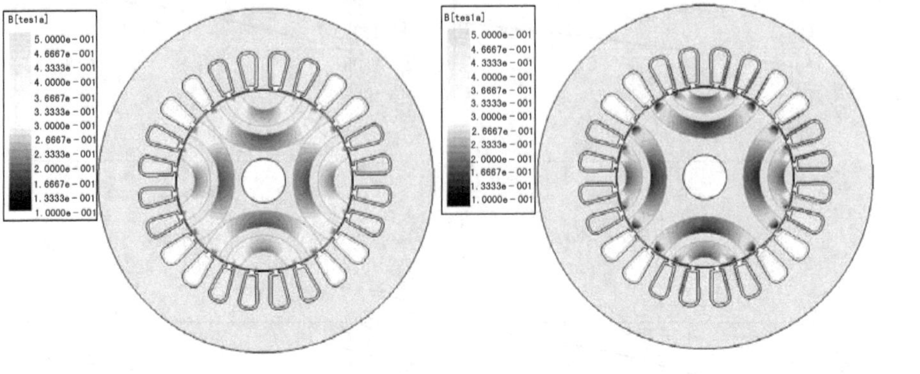

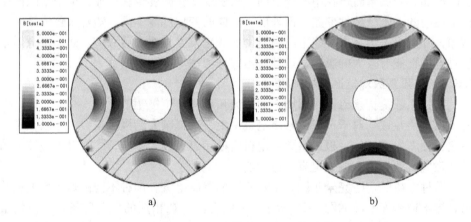

a)   b)

图 3-23 不同极弧系数电机永磁体磁通密度云图

a）极弧系数 0.97 b）极弧系数 0.87

3.5.5 永磁体沉入深度对抗退磁的影响

永磁体沉入转子内部的深度对抗退磁能力也有影响。相同定子下，采用相同的转子外径、永磁体用量及极弧系数，对比两种不同永磁体沉入深度电机的抗退磁能力。定子施加相同的反向磁场，两种永磁体内部磁通密度云图如图 3-24 所示，两种电机退磁最严重的部位均是内层永磁体靠近转子外侧的中心表面区域，永磁体沉入深度越大，低磁通密度区域越小。转子永磁体沉入深度增加，永磁体的易退磁区域与定子的反向磁场距离越远，能够减缓反向退磁磁场对易退磁区域的作用。可见加大永磁体沉入深度可以减少转子永磁体的局部退磁。

a)   b)

图 3-24 不同永磁体沉入深度电机永磁体磁通密度云图

a）永磁体沉入深度大 b）永磁体沉入深度小

3.5.6　隔磁桥厚度对抗退磁的影响

为了减少永磁体端部漏磁，提高永磁体的利用率，通常会在永磁体槽端部设置细长的隔磁桥，隔磁桥厚度对电机永磁体漏磁有很大影响。从第 3、4 节可知永磁体端部的漏磁路磁阻对电机的抗退磁能力有一定的影响。

对比转子隔磁桥厚度分别 0.6mm、1.0mm、1.6mm、2.0mm 的 4 种电机，各电机转子内层永磁体和外层永磁体的隔磁桥厚度、长度完全相等。给转子施加相同的反向磁场，4 种电机永磁体磁通密度云图如图 3-25 所示，内、外层永磁体的低磁通密度区域大部分都集中在永磁体靠近外侧的中心处。增加隔磁桥厚度，转子内层永磁体的磁通密度变化较小，外层永磁体的低磁通密度区域逐渐减少，不可逆退磁逐渐消失。

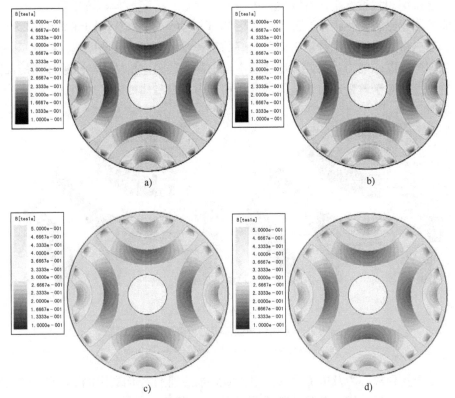

图 3-25　不同隔磁桥厚度电机永磁体磁通密度云图

a）隔磁桥厚度 0.6mm　b）隔磁桥厚度 1.0mm

c）隔磁桥厚度 1.6mm　d）隔磁桥厚度 2.0mm

从图 3-26 所示退磁状态下的转子磁力线分布图可以看出，内层永磁体的漏磁从相邻的两个内层永磁体出发，经由内层永磁体槽端部的隔磁桥形成闭合磁路。而外层永磁体的漏磁经内层永磁体补充后，先经过外层永磁体槽端部的隔磁桥，再穿过内层永磁体槽端部的隔磁桥形成闭合磁路，内层永磁体槽端部的磁力线更加密集。

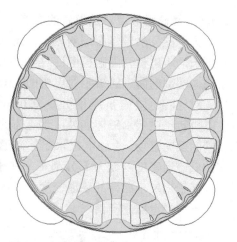

两种不同隔磁桥厚度的电机在退磁状态下转子永磁体槽端部隔磁桥磁通密度云图如图 3-27 所示，两种电机的内层永磁体槽端部隔磁桥磁通密度都大于外层永磁体槽端部隔磁桥。由于内层永磁体槽端部隔磁桥磁路高度饱和，因此隔磁桥厚度从 1.0mm 增加到 3.0mm，内层永磁体槽端部隔磁桥饱和程度基本没有变化，内层永磁体的漏磁磁阻变化很小。而外层永磁体

图 3-26　退磁状态下转子漏磁磁力线分布

端部隔磁桥的磁路饱和程度得到了很好的缓解，减小了漏磁路磁阻，提升了外层永磁体的抗退磁能力。因此，增加永磁辅助同步磁阻电机转子的永磁体槽端部隔磁桥厚度，对于改善外层永磁体的退磁相比内层永磁体效果更加明显。

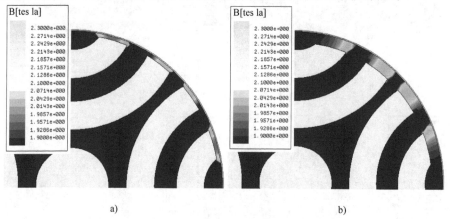

图 3-27　永磁体槽端部隔磁桥磁通密度云图

a）隔磁桥厚度 1.0mm　b）隔磁桥厚度 3.0mm

由于受到离心力及电磁力的作用，因此永磁辅助同步磁阻电机运行到较高转速时，转子永磁体槽端部隔磁桥会承受较大的剪切应力。为了缓解这一局部应力，还会在转子内层永磁体槽的中部增加磁桥，增加中间磁桥对于电机的抗退磁能力也有一定的影响。定子施加相同的反向磁场，有中间磁桥转子和没有中间磁桥转子的永磁体磁通密度云图如图 3-28 所示，内层永磁体槽增加中间磁桥后，内层永磁体的低磁通密度区域减少很多，退磁得到很好的缓解。主要是因为增加中间磁桥后，内层永磁体中部增加了一条漏磁磁路，这比永磁体槽端部的漏磁路

磁阻更小，减少了电机的局部退磁。

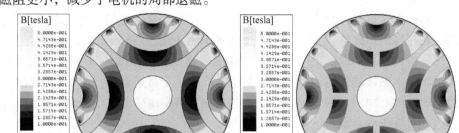

图 3-28　有、无中间磁桥的转子永磁体磁通密度云图

a）转子无中间磁桥　b）转子有中间磁桥

3.5.7　绕组形式对抗退磁的影响

第 2 章对比了集中绕组永磁辅助同步磁阻电机与分布绕组永磁辅助同步磁阻电机的参数及效率，这两种绕组形式的电机在抗退磁方面也存在着很大的差异。选取相同的转子，并在定子外径、定子绕组串联匝数完全相同的前提下，施加相同的退磁电流，进行两种结构电机抗退磁能力的对比。两种电机退磁状态下磁通密度矢量分布如图 3-29 所示。

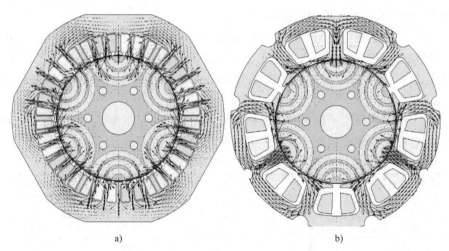

图 3-29　电机退磁状态下的磁通密度矢量分布图

a）分布绕组电机 b）集中绕组电机

分布绕组电机退磁磁场比较分散，在转子的一对永磁体磁极中，反向磁场通过转子一对磁极对应的多个定子齿施加到 N、S 极不同层的永磁体上，而集中绕

组电机退磁磁场比较集中，基本完全通过一个定子齿施加在一个永磁体磁极上，另一相邻磁极的永磁体承受的退磁磁场较少，并且在两个相邻的定子齿间形成了短路，在相同的退磁电流下，集中绕组电机产生的退磁磁场要大于分布绕组电机。两种电机在相同退磁电流下的永磁体磁通密度云图如图 3-30 所示，分布绕组电机转子永磁体的低磁通密度区域基本没有发生不可逆退磁，而集中绕组电机的内层永磁体、中层永磁体均出现严重的局部不可逆退磁，集中绕组电机的抗退磁能力大大低于分布绕组电机。

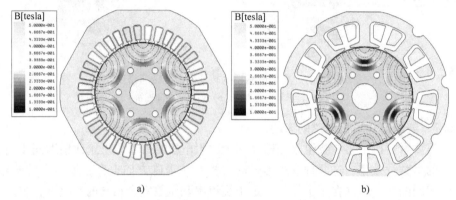

a)   b)

图 3-30　相同退磁电流下电机永磁体磁通密度云图

a) 分布绕组电机　b) 集中绕组电机

3.5.8　定子裂比对抗退磁的影响

定子裂比是指电机定子内、外径的比值。通常电机的应用场合确定后，电机的外径是固定的，主要是通过改变定子内径来调整裂比。为了保证电机定子齿、轭部磁通密度不过于饱和，因此极数少的电机裂比较小，极数多的电机裂比较大。

为了研究电机定子裂比对电机抗退磁能力的影响，制作了定子外径、叠高和槽极配合完全相同，裂比从小到大的 4 种电机，电机参数及性能对比见表 3-3。

表 3-3　不同定子裂比电机参数及性能对比

定子外径/mm	140	140	140	140
定子内径/mm	60	65	70	75
裂比	0.43	0.46	0.50	0.53
绕组匝数	35	35	35	35
永磁体用量/cm³	132	137.6	144	148.8
L_d/mH	3.01	3.10	3.25	3.42
L_q/mH	17.59	18.13	18.76	19.85

（续）

$L_q - L_d$/mH	14.58	15.03	15.51	16.43
磁链 ψ_{PM}/mWb	169.5	175.3	182.3	189.9
退磁3%时电流/A	26.5	27.5	28	29
额定电流/A	9.3	9.1	8.8	8.5
相电阻/Ω	0.64	0.66	0.69	0.75
铜损/W	167	163	159	164
铁损/W	78	79	80.5	82.5
电机效率（%）	94.86	94.92	94.97	94.83
退磁电流倍数	2.85	3.02	3.18	3.41

从表中可以看出，定子裂比加大时，电机转子更大，可以放置更多的永磁体，电机的永磁体磁链 ψ_{PM} 随着永磁体用量的增加有所提升。随着定子内径的加大，电机的 L_q、L_d 有所增加，决定磁阻转矩大小的电感差值 $L_q - L_d$ 也会增加，这使得电机在相同的负载转矩下，工作电流更小。

增加内径会导致电机定子槽面积变小，使得电机电阻有所增加，但电机的额定电流会减小，电机的铜损随着裂比先减小后增加，铁损随着裂比的增大而增大，电机总体效率随裂比变化不大。

随着裂比的增加，电机转子可以放置更多的永磁体，电机在退磁3%时的电流也有明显的提升。为了更好地衡量电机抗退磁能力，定义电机退磁电流与额定电流的比值为退磁电流倍数。退磁电流倍数越大，电机抗退磁能力越强。由表3-3可知，定子裂比越大，退磁电流倍数越大，电机抗退磁能力越强。因此，可以适当加大定子裂比来提升电机的抗退磁能力。

3.5.9　极对数对抗退磁的影响

电机的极对数是电机设计的一个重要参数。一般来说负载转矩较大、转速较低的场合优先选择极对数较多的电机，这样可以使电机的额定电流更小，实现铜损的降低。而在转速高、负载较轻的场合，优先选择极对数较少的电机，在相同的转速下，极数少的电机电频率更低，电机铁损更小，可以实现高效化。

为了分析电机极对数对抗退磁能力的影响，分别建立了4、6、8极3种电机的仿真模型，各电机的定子外径及叠高相同，电机永磁体厚度完全一致，永磁体用量比较接近，电机每极每相槽数均为2，各槽绕组的匝数也完全相同。3种电机模型如图3-31所示。

3种不同极数电机的参数及退磁电流数据见表3-4。

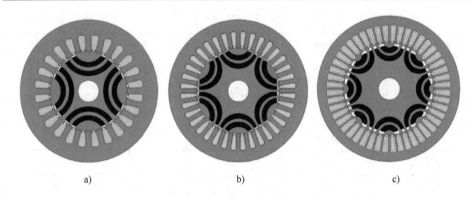

a)　　　　　　　　　　b)　　　　　　　　　　c)

图 3-31　不同极数电机仿真模型

a) 4 极电机模型　b) 6 极电机模型　c) 8 极电机模型

表 3-4　电机参数及退磁电流数据

电机极数	4	6	8
定子外径/mm	140	140	140
定子内径/mm	79	85	90
匝数	20	20	20
永磁体厚度/mm	5 + 5	5 + 5	5 + 5
永磁体用量/cm^3	142.4	144.4	144.2
额定电流/A	14.5	11.3	10.7
L_q/mH	11.80	13.43	14.55
L_d/mH	1.48	2.48	3.26
$L_q - L_d$/mH	10.32	10.95	11.29
1000r/min 时线感应电动势/V	19.54	27.09	33.57
磁链/mWb	93	86	80
永磁转矩/N·m	3.65	3.93	4.80
磁阻转矩/N·m	6.35	6.07	5.20
总转矩/N·m	10	10	10
退磁 3% 时电流/A	50	49	50
退磁电流倍数	3.44	4.33	4.67

在齿部磁通密度相同的条件下，随着电机极对数的增加，电机轭部磁通密度会减小，通过调整定子内径使得 3 种电机轭部磁通密度相当。

从表 3-5 可知，随着极对数的增加，电机的交、直轴电感都有所增加，决定磁阻转矩大小的交、直轴电感差值也有所增加，电机的感应电动势增加更多。因此，相同负载转矩下电机的额定电流下降明显。由于磁阻转矩与电流的二次方成正比，因此磁阻转矩会下降，而永磁转矩则上升，磁阻转矩的占比有所下降。

各电机在退磁 3% 时对应的电流基本相当。每对极下永磁体的总厚度一致，在施加的反向磁场相同的条件下，永磁体的退磁率基本相当。但随着极对数的增加，电机工作电流下降，因此退磁电流倍数增加，电机的抗退磁能力会相应增强。

3.5.10　各层永磁体抗退磁一致性改善的示例

下面以一款电机为例来说明改善电机各层永磁体抗退磁一致性对提升电机抗退磁能力的作用，图 3-32 所示为电机改善前退磁状态下的永磁体磁通密度云图。

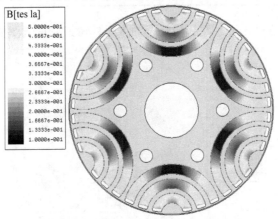

图 3-32　改善前瞬态场退磁下的永磁体磁通密度云图

可以看出内、中、外层永磁体的最小磁通密度差距较大，内层永磁体的最小磁通密度比最外层永磁体低很多，内层永磁体的中部发生了局部不可逆退磁。

电机各层永磁体在不同退磁电流下的退磁率如图 3-33 所示，内层永磁体退磁 3% 时对应的电流为 27A，中间层永磁体退磁 3% 时对应的电流为 33A，外层永磁体退磁 3% 时对应的电流为 40A。若

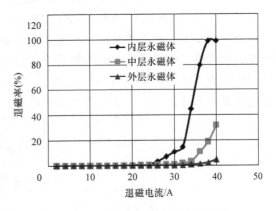

图 3-33　改善前各层永磁体退磁率

以单个永磁体退磁 3% 对应的电流为退磁电流，则由于内、中、外 3 层永磁体退磁电流的差异，电机整体抗退磁能力不高。

调整转子各层永磁体厚度以及改变永磁体槽端部隔磁桥的厚度，调整前后电机的永磁体厚度及隔磁桥厚度见表 3-5。

表 3-5　转子结构变化参数

转子结构尺寸参数	改进前	改进后
外层永磁体厚度/mm	3	2.5
中间层永磁体厚度/mm	3	3.2
内层永磁体厚度/mm	3	3.3
外层隔磁桥厚度/mm	0.5	0.2
中间层隔磁桥厚度/mm	0.5	0.5
内层隔磁桥厚度/mm	0.5	0.7

在相同的退磁磁场下，改善后转子的永磁体磁通密度云图如图 3-34 所示。

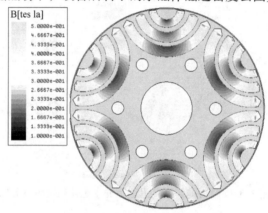

图 3-34　改善后瞬态场退磁下的永磁体磁通密度云图

改善后中间层永磁体和内层永磁体的磁通密度有所提升，外层永磁体的磁通密度有所降低，使得 3 层永磁体的磁通密度差距明显变小，电机各层永磁体在不同退磁电流下的退磁率如图 3-35 所示，3 层永磁体发生不可逆退磁达到 3% 的退磁电流都在 33A 左右，电机的整体退磁电流从改善前的 27A 提升到了 33A。

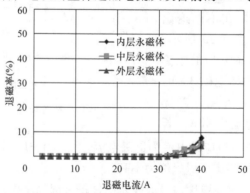

图 3-35　改善后各层永磁体退磁率

第4章 永磁辅助同步磁阻电机振动和噪声

本章将介绍永磁辅助同步磁阻电机电磁振动和噪声产生的基本原理，推导出电磁力解析表达式，总结该电机转矩脉动及电磁力的特点，并研究变频器供电、偏心、磁致伸缩等对电机电磁力及振动和噪声的影响。

针对永磁辅助同步磁阻电机的结构特点，从绕组形式、电机磁路结构、变频器控制方式等多方面进行减振降噪设计，总结这些减振降噪技术的特点，并通过实际设计案例来说明各降噪手段所产生的有益效果，为永磁辅助同步磁阻电机的减振降噪设计提供指导。

最后，对电机机械和空气动力源的振动和噪声进行简单总结。

4.1 噪声的一般概念及噪声源

4.1.1 振动、声波、噪声

振动是指系统在某一位置（通常是静平衡位置）附近所做的往复运动。振幅是振动质点或物体从静止位置移动的位移量。物体或系统要产生振动，必须具备质量和弹性两个特征，即物体或系统受干扰会发生弹性形变产生振动。

机械振动系统在弹性媒质中振动时，能够影响周围的媒质，使它们也陆续地发生振动，并将振动向周围媒质传播，这种机械振动在弹性媒质中的传播过程称为声波。声波传播时，传播媒质的质点仅在各自的平衡位置附近振动，振动和声波是相互密切联系的运动形式，振动是声波的产生根源，而声波是振动的传播过程。声波是纵波，它可以在固体、液体和气体中传播。一般人耳可以听见声音的频率范围为 20 ~ 20000Hz，最简单的声波是纯音，其声压是有一定频率、振幅和波长的正弦波。

噪声为很多不同频率、不同强度的纯音组合。噪声会干扰人们谈话，降低人的思维能力，使人疲劳，并影响休息和工作。长期生活在噪声大的环境中，不仅会使耳朵有痛感，还会使人的听觉受到损害，甚至会引发昏厥和神经系统疾病。

为了度量噪声，引入以下几种噪声评价方式。

（1）声压。声波在空气中传播时，使空气时而变密，时而变稀，空气变密时压力升高，变稀时压力降低，引起大气压强增大或减小的变化量称为声压。声压越大，声音越强；声压越小，声音越弱。为了表示噪声的强弱，引入一个与基准声压之比的对数量，这就是声压级，单位为 dB。

声压级与声压的表达式为

$$L_P = 10\lg \frac{P^2}{P_0^2} = 20\lg \frac{P}{P_0} \tag{4-1}$$

式中　L_P——声压级（dB）；

　　　P——声压有效值（N/m^2）；

　　　P_0——基准声压，是指频率在 1000Hz 时的听阈声压，为 2×10^{-5} N/m^2。

（2）声强。在垂直于声波传播方向的单位面积上，单位时间内通过的声能叫做声强，用 I 表示，单位为 W/m^2，声强 I 与声压 P 的关系式为

$$I = \frac{P^2}{\rho c} \tag{4-2}$$

式中　ρc——媒质的特性阻抗，反映了媒质的一种声学特性。

与声压一样，声强也用声强级来表示，单位为 dB。声强级与声强 I 的表达式为

$$L_I = 10\lg \frac{I}{I_0} \tag{4-3}$$

式中　L_I——声强级（dB）；

　　　I_0——基准声强，是频率在 1000Hz 时的听阈声强，为 10^{-12} W/m^2。

（3）声功率。声源在单位时间内辐射出来的总声能称为声功率，单位为 W。同样，声功率级与声功率 W 的关系式为

$$L_W = 10\lg \frac{W}{W_0} \tag{4-4}$$

式中　L_W——声功率级（dB）；

　　　W_0——基准功率，其值为 10^{-12} W。

声级计是测量噪声最便捷的测试仪器。为了使声级计的读数接近于人耳对不同频率的响应特性，所以按规定的频率响应曲线来设置声级计的滤波网络，可以直接读出反映人耳对噪声感觉的数值，即引入了计权网络，使主客观量趋于统一，对噪声进行有效的度量和评价。一般常用 A、B、C 3 种计权网络，图 4-1 所示为 3 种计权网络特性曲线。其中 A 计权网络较好地模仿了人耳对低频段噪声不敏感，而对 1000 ~ 5000Hz 噪声敏感的特点，因此一般常用 A 计权网络测量噪声。

因为单一噪声源的情况是很少见的，所以在测量电机的噪声时，需要求其平均值。由于电机形状的不规则性，它辐射的噪声在与它相同距离的各个方向的测点上是不同的，也就是说声源具有指向性，因此，在测量电机的噪声声压级时，需要根据电机形状设置包络面，包络面上各测试点到电机的距离均为 1m，测量包络面上若干个点的声压级，然后求平均值。

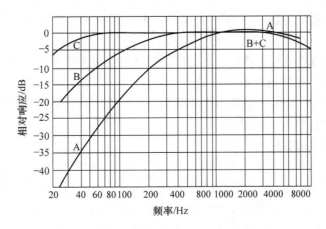

图 4-1 计权网络特性曲线

包络面上若干个点声压级的平均值为

$$L_{\mathrm{P}} = 10\lg\Big(\frac{1}{n}\sum_{i=1}^{n}10^{\frac{L_{\mathrm{P}i}}{10}}\Big) \tag{4-5}$$

可由平均声压级求出声功率级 L_{W}，即

$$L_{\mathrm{W}} = L_{\mathrm{P}} + 10\lg\,(2\pi r^2) \tag{4-6}$$

式中 $L_{\mathrm{P}i}$——第 i 个测点测得的声压级（dB（A））（A 计权声压级）；

r——包络面半径，取 1m；

L_{P}——各测点的平均声压级（dB（A））；

L_{W}——声功率级（dB（A））。

各国对生活环境噪声均有限值要求，我国国标《GB 22337—2008 社会生活环境噪声排放标准》规定了社会生活噪声排放源边界噪声排放限值，见表4-1。

表 4-1 社会生活噪声排放源边界噪声排放限值（单位：dB（A））

边界外声环境 功能区类别	时段	
	昼间	夜间
0 类	50	40
1 类	55	45
2 类	60	50
3 类	65	55
4 类	70	55

0 类声环境功能区：指康复疗养区等特别需要安静的区域。

1 类声环境功能区：指以居民住宅、医疗卫生、文化教育、科研设计、行政办公为主要功能，需要保持安静的区域。

2类声环境功能区：指以商业金融、集市贸易为主要功能，或者居住、商业、工业混杂，需要维护住宅安静的区域。

3类声环境功能区：指以工业生产、仓储物流为主要功能，需要防止工业噪声对周围环境产生严重影响的区域。

4类声环境功能区：指交通干线两侧一定距离之内，需要防止交通噪声对周围环境产生严重影响的区域。

4.1.2　电机的噪声源

永磁辅助同步磁阻电机振动和噪声的研究十分复杂，涉及电磁、机械振动、空气动力、声学、电力电子以及数学分析等众多学科。电机的振动和噪声可以分为3类，如图4-2所示。

（1）电磁噪声。电磁力作用在定、转子间的气隙中，产生旋转力波或脉动力波，使定子产生振动而辐射噪声，这类噪声称为电磁噪声。它与电机气隙内的谐波磁场及由此产生的电磁力波幅值、频率和阶数，以及定子本身的振动特性，如固有频率、阻尼和机械阻抗等有密切的关系。

（2）机械噪声。轴承或端

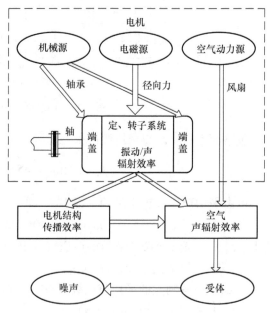

图4-2　电机振动和噪声的产生与传递示意图

盖等的机械摩擦会产生周期或非周期性的机械冲击或振动，从而引起机械噪声。转子机械不平衡引起的离心力会产生机械振动和噪声，受轴承振动激发的端盖会产生轴向振动和噪声等，这些噪声与电机所用的材料、制造质量、装配工艺以及配合精度有关。

（3）空气动力噪声。风扇旋转会引起空气涡流扰动，产生涡流声，这种涡流由于黏滞力的作用，又分解成一系列的小涡流，使空气发生扰动，从而产生噪声。另外，在气流运动的转弯处，如果有较大的空腔，也会产生涡流声。涡流声是一种宽频带的随机稳态噪声。风扇旋转使冷却气体周期性脉动以及气流碰撞散热筋、紧固螺栓和其他凸出障碍物会产生单频噪声。

理论和实验研究表明，在电机的3类噪声中，电磁噪声是主要成分，对整个电机的噪声影响较大。

4.2　永磁辅助同步磁阻电机电磁振动和噪声产生原理

4.2.1　能量传递过程

图 4-3 所示为电机中电能转换为声能的过程，电机输入电流与磁场相互作用产生高频电磁力，作用于定子铁心内表面上，使得定子铁心及机壳以相同的频率振动，从而引起周围的空气以同样的频率振动，产生噪声，如图 4-4 所示。

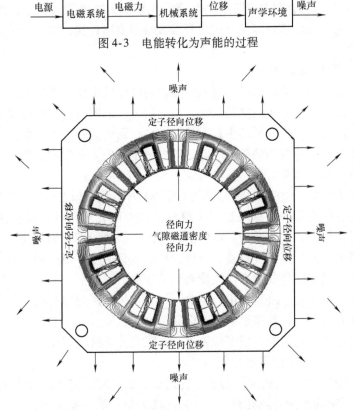

图 4-3　电能转化为声能的过程

图 4-4　电机振动和噪声的产生原理示意图

电机辐射的声功率非常小，对于一台 10kW 以下的电机，辐射的声功率大约只有 10^{-6} W 到 10^{-4} W，因此，要精确计算声功率是十分困难的。

定子及机壳组成的电机系统结构可看作是具有分布质量 M、阻尼 C 和刚度 K 的机械系统。当电磁力作用于机械系统时，振动幅值为电磁力幅值和频率的函数。对于一个具有多自由度的机械系统来说，振动位移满足式（4-7）。

$$[M]\{\ddot{q}\} + [C]\{\dot{q}\} + [K]\{q\} = \{F(t)\} \tag{4-7}$$

式中　$\{q\}$——$(N, 1)$ 的矢量，表示 N 个自由度的振动位移；

　　$\{F(t)\}$——自由度的力矢量；

　　　$[M]$——系统的质量矩阵；

　　　$[C]$——系统的阻尼矩阵；

　　　$[K]$——系统的刚度矩阵；

　　　$\{\ddot{q}\}$——质点的振动加速度矢量；

　　　$\{\dot{q}\}$——质点的振动速度矢量。

式（4-7）可以用结构有限元方法进行求解。但在实际计算中，由于铁心叠片材料的阻尼、弹性模量以及电磁力等参数难以准确计算，因此会造成振动位移计算的误差。

4.2.2　定子固有振动特性

电机电磁振动和噪声除了与电机气隙磁场产生的电磁力波的频率、幅值及阶数有关外，还取决于电机的共振状态，与电机定子的固有频率有很大的关系。同时，电磁噪声还与电机定子的声辐射特性有关，而电机定子的声辐射特性研究则以电机定子的模态分析为基础。因此，对电机定子的固有频率及其模态特性进行测试和计算分析是非常必要的。

电机定子固有振动特性主要包括固有模态频率、固有模态振型、阻尼特性等。

定子固有模态频率计算一般采用解析法和有限元法两种，解析法计算速度快，便于得到模态频率与结构参数的函数关系，能够较直观地得到结构参数变化对频率的影响，但计算精度较差。目前计算机运算速度不断提升，利用有限元法计算定子模态频率已经非常方便快捷而且精度高。

电机定子由铁心、绕组及机壳组成，绕组及机壳对振型影响较小，本书主要通过定子铁心有限元仿真来说明定子模态振型。

对电机定子铁心的固有模态振型进行有限元分析时，假设：

1）定子轭是一个圆环形的刚体；

2）定子齿部和绕组的刚度为零，它们对定子轭的影响用附加质量来考虑；

3）定子轭的轴向通风孔和其他缺口考虑为单纯的质量减少；

4）电磁力波作用在定子轭圆环体上，在时间上呈周期性变化，并沿轭部的整个圆周对称分布；

5）忽略阻尼对定子模态和固有频率的影响。

定子铁心模态振型既有径向振动，也有轴向振动，径向振动阶数用 r 表示，轴向振动阶数用 m 表示，模态振型如图 4-5 所示。

通常在自由振动时，阻尼不断将机械能转化为热能而耗散，从而使振动持续衰减直至消失。强迫振动时，由于不断有能量输入，因此振动不会持续衰减，但阻尼仍在其中发挥耗能作用，确保振动不会发散而是趋于稳定状态。

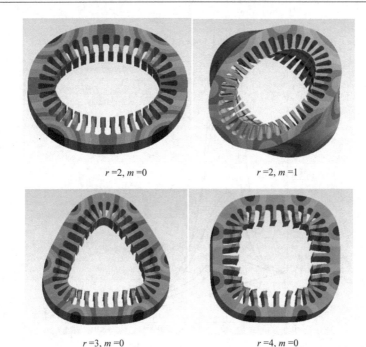

$r=2, m=0$　　　　　$r=2, m=1$

$r=3, m=0$　　　　　$r=4, m=0$

图 4-5　定子铁心模态振型

阻尼比 ξ 是描述结构振动及阻尼大小的一个重要参数，如式（4-8）所示。

$$\xi = \frac{c}{2\sqrt{mk}} \qquad (4\text{-}8)$$

式中　c——黏性阻尼系数，即阻尼力与速度之比；

　　　m——定子质量；

　　　k——刚度。

$\xi > 1$ 为强阻尼，此时定子结构不会出现振动，在实际应用中并不常见。

$\xi = 1$ 为临界阻尼，仍具有衰减性，但不具有波动性，即振动与不振动的分界点。

$\xi < 1$ 为欠阻尼，此时定子结构振动的振幅按等比级数递减，ξ 越小，衰减幅度越小。

图 4-6 所示为不同阻尼比对物体结构振动幅值的影响，当阻尼比大于 1 时，物体结构不会出现振动，当阻尼比小于 1 时，结构发生振动，而且阻尼比越小，振动幅值越大。

阻尼有如下特性：

1）阻尼减少了振动能量沿结构的传递；

2）阻尼减少了振动时的幅值；

3）阻尼减少了自由振动或由冲击产生的振动；

4）各阶固有频率对应的阻尼各不相同；

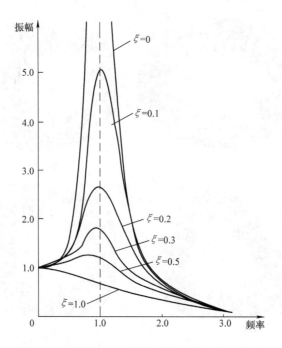

图 4-6　不同阻尼比对物体结构振动幅值的影响

5）阻尼随着电磁力的大小、类型改变，自由振动时阻尼系数较小，受迫振动时阻尼系数增大；

6）阻尼对定子固有频率及其模态影响很小。

4.2.3　定、转子磁动势和气隙磁导

电机在运行过程中，定子铁心内表面会受到电磁力的作用，引起定子铁心的径向振动，并通过机壳辐射噪声，而电磁力又取决于定、转子的磁动势和气隙磁导。通过定、转子磁动势和气隙磁导的表达式，得到径向电磁力波表达式，可以定性地分析永磁辅助同步磁阻电机的径向电磁力波，进而分析由其产生的电磁振动和噪声特点。

（1）定子磁动势。根据电机学原理，通有正弦电流时单相绕组的基波磁动势 $f_{m1}(\theta,t)$ 可以表示为

$$f_{m1}(\theta,t) = \frac{2\sqrt{2}}{\pi}\frac{Nk_{w1}}{p}I\cos(p\theta)\cos(\omega t) = F_{m1}\cos(p\theta)\cos(\omega t) \tag{4-9}$$

同样，对于 ν 次谐波磁动势，可以表示为

$$f_{m\nu}(\theta,t) = \frac{1}{\nu}\frac{2\sqrt{2}}{\pi}\frac{Nk_{w\nu}}{p}I\cos(\nu p\theta)\cos(\omega t) = F_{m\nu}\cos(\nu p\theta)\cos(\omega t) \tag{4-10}$$

$$k_{d\nu} = \frac{\sin\nu\dfrac{q\alpha}{2}}{q\sin\nu\dfrac{\alpha}{2}} \tag{4-11}$$

$$k_{p\nu} = \sin\nu\left(\frac{y_1}{\tau}90°\right) \tag{4-12}$$

$$k_{w\nu} = k_{d\nu}k_{p\nu} \tag{4-13}$$

式中　N——定子每相串联匝数；

$\quad\quad I$——电流的有效值（A）；

$\quad F_{m1}$——单相基波磁动势幅值；

$\quad F_{m\nu}$——单相 ν 次谐波磁动势幅值；

$\quad k_{w1}$——基波磁动势的绕组系数；

$\quad k_{w\nu}$——ν 次谐波磁动势的绕组系数；

$\quad k_{d\nu}$——ν 次谐波磁动势的绕组分布系数；

$\quad k_{p\nu}$——ν 次谐波磁动势的绕组节距系数；

$\quad\quad q$——每极每相槽数；

$\quad\quad y_1$——线圈的节距；

$\quad\quad \tau$——极距；

$\quad\quad \alpha$——相邻两槽间的电角度（°）；

$\quad\quad \omega$——电机旋转角频率；

$\quad\quad p$——基波极对数。

当对称三相绕组中通有对称三相电流时，基波合成磁动势是一个正弦分布、以同步转速旋转的正向旋转磁动势波 $f_1(\theta,t)$，合成磁动势的幅值 F_1 为单相磁动势的 3/2 倍，即

$$F_1 = \frac{3}{2}F_{m1} = \frac{3}{2}\frac{2\sqrt{2}}{\pi}\frac{Nk_{w1}}{p}I \approx 1.35\frac{Nk_{w1}}{p}I \tag{4-14}$$

$$f_1(\theta,t) = \frac{3}{2}F_{m1}\cos(\omega t - p\theta) = F_1\cos(\omega t - p\theta) \tag{4-15}$$

同样，对于 ν 次谐波合成磁动势 $f_\nu(\theta,t)$ 可以表示为

$$f_\nu(\theta,t) = F_\nu\cos(\omega t \mp \nu p\theta) \tag{4-16}$$

当 $\nu = 3k$，$k = 1,2,3\cdots$ 时，合成磁动势为零，即三相对称的磁动势中不存在 3 次及 3 的倍数次谐波合成磁动势；

当 $\nu = 6k+1$，即 $\nu = 7,13,19\cdots$ 时，定子磁动势为正向旋转波，此时

$$f_\nu(\theta,t) = F_\nu\cos(\omega t - \nu p\theta) \tag{4-17}$$

当 $\nu = 6k-1$，即 $\nu = 5,11,17\cdots$ 时，定子磁动势为反向旋转波，此时

$$f_\nu(\theta,t) = F_\nu\cos(\omega t + \nu p\theta) \tag{4-18}$$

因此，三相对称定子绕组总磁动势可表示为

$$f_s(\theta,t) = \begin{cases} \sum F_\nu\cos(\omega t - \nu p\theta), \nu = 6k - 5 \\ \sum F_\nu\cos(\omega t + \nu p\theta), \nu = 6k - 1 \end{cases}, k = 1,2,3,\cdots \quad (4\text{-}19)$$

（2）转子磁动势。永磁辅助同步磁阻电机转子永磁体产生的磁场非正弦，根据永磁电机磁路分析原理，转子永磁体谐波磁动势由一系列 μ 次谐波磁动势组成，表达式为

$$f_r(\theta,t) = \sum F_\mu\cos(\mu\omega t - \mu p\theta), \mu = 2k + 1, k = 0,1,2,\cdots \quad (4\text{-}20)$$

式中 $f_r(\theta,t)$——转子磁动势；

$\quad\quad F_\mu$——转子谐波磁动势幅值；

$\quad\quad \mu$——转子磁场谐波次数。

（3）气隙磁导。为了简化气隙磁导的表达式，不考虑转子偏心的影响，当永磁辅助同步磁阻电机定子有齿槽而转子表面光滑时，气隙磁导 $\Lambda(\theta,t)$ 可以近似表示为

$$\Lambda(\theta,t) = \Lambda_0 + \sum_{k=1,2,3}^{\infty} \Lambda_k\cos(kZ\theta) \quad (4\text{-}21)$$

式中 Z——定子槽数；

$\quad\quad \Lambda_0$——单位面积气隙磁导不变的部分；

$\quad\quad \Lambda_k$——定子开槽引起的谐波磁导的周期分量。

磁动势取决于电流大小、电流波形、相数、定子槽数、槽形以及导体在绕组中的排列，而气隙磁导则取决于定转子槽型、定转子同轴度和定转子形状的对称度。

4.2.4 电磁力解析表达式

根据麦克斯韦张量法，作用于定子铁心内表面的径向电磁力密度为

$$p_r = \frac{1}{2\mu_0}(B_r^2 - B_t^2) \approx \frac{1}{2\mu_0}B_r^2 \quad (4\text{-}22)$$

式中 B_r——气隙磁通密度的径向分量（T）；

$\quad\quad B_t$——气隙磁通密度的切向分量（T）；

$\quad\quad \mu_0$——真空磁导率，$\mu_0 = 4\pi \times 10^{-7}\text{H/m}$。

由于气隙磁通密度的切向分量远小于径向分量，因此其切向分量可忽略，径向电磁力可近似用气隙磁通密度径向分量的二次方表示。

电机气隙磁通密度可以表示为磁动势 $f(\theta,t)$ 和气隙磁导 $\Lambda(\theta,t)$ 的乘积，忽略气隙磁场的饱和，根据叠加原理，气隙磁通密度可表示为

$$B(\theta,t) = f(\theta,t)\Lambda(\theta,t) = (f_r(\theta,t) + f_s(\theta,t))\Lambda(\theta,t) \quad (4\text{-}23)$$

将磁动势、磁导、磁通密度的表达式代入电磁力表达式（4-22），可得

$$p_r = \frac{1}{2\mu_0} \left\{ \begin{bmatrix} \sum F_\mu \cos(\mu\omega t - \mu p\theta) + \sum F_\nu \cos(\omega t - \nu p\theta) + \sum F_\nu \cos(\omega t + \nu p\theta) \end{bmatrix}^2 \\ \times \left[\Lambda_0 + \sum_{k=1,2,3}^{\infty} \Lambda_k \cos(kZ\theta) \right] \right\}$$

(4-24)

对式（4-24）进行展开分析，可得

$$p_r = \frac{1}{2\mu_0} \left\{ \begin{array}{l} \sum F_\mu \Lambda_0 \cos(\mu\omega t - \mu p\theta) \\ + \sum F_\nu \Lambda_0 \cos(\omega t - \nu p\theta + \phi) \\ + \sum F_\nu \Lambda_0 \cos(\omega t + \nu p\theta + \phi) \\ + \sum\sum \frac{F_\mu \Lambda_k}{2}\cos(\mu\omega t - \mu p\theta \pm kZ\theta) \\ + \sum\sum \frac{F_\nu \Lambda_k}{2}\cos(\omega t - \nu p\theta \pm kZ\theta + \phi) \\ + \sum\sum \frac{F_\nu \Lambda_k}{2}\cos(\omega t + \nu p\theta \pm kZ\theta + \phi) \end{array} \right\}^2$$

(4-25)

对式（4-25）进一步分析可得到作用于定子内表面的一系列不同频率、不同分布的旋转电磁力波，可总结表示为

$$p_r(\theta, t) = \sum_r p_r \cos(\omega_r t - r\theta + \phi_r)$$

(4-26)

式中　r——力波阶数，对应 r 值时称为 r 阶力波，表示力波的空间分布形状；

　　　ω_r——力波旋转角频率；

　　　p_r——r 阶力波幅值。

根据定、转子磁动势和气隙磁导表达式可以得到径向电磁力波的频率和阶数特点。径向电磁力表达式可分为 3 部分，即定子磁场相互作用、转子磁场相互作用、定转子磁场间相互作用。

研究表明，除 0 阶电磁力外，电机产生最小电磁力的阶数为定子槽数 Z 与转子极数 $2p$ 的最大公约数。0 阶电磁力主要由定转子齿谐波产生，它引起的定子铁心的径向振动，与圆筒形容器承受可变内部压力的情况类似，可引起明显的振动和噪声。

由于铁心振动时动态形变的振幅大约与阶数 r 的 4 次方成反比，力波阶数越低，引起的振动和噪声越大，因此分析电机的振动和噪声时一般只考虑阶数 $r \leqslant$ 6 的力波。

根据式（4-25）展开推导，总结永磁辅助同步磁阻电机负载主要电磁力特性，见表4-2。

表 4-2 永磁辅助同步磁阻电机负载主要径向电磁力特性

频率	阶数 ($k = 0, 1, 2, \cdots$)	最小电磁力阶数	来源
$2pf_0$	$2\nu p \pm kZ$； $(\nu_2 \pm \nu_1)p \pm kZ$； 其中 $\nu = 6k+1$ 或 $6k+5$； $\nu_2 > \nu_1$	Z 与 $2p$ 的最大公约数	定子产生的磁场作用
$2\mu pf_0$ $(\mu_1 \pm \mu_2) pf_0$	$2\mu p \pm kZ$； $(\mu_2 \pm \mu_1)p \pm kZ$； 其中 $\mu = 2k+1$, $\mu_2 > \mu_1$	Z 与 $2p$ 的最大公约数	转子产生的磁场作用
$(\mu \pm 1) pf_0$	$(\mu \pm \nu)p \pm kZ$； 其中 $\mu = 2k+1$, $\nu = 6k+1$； $(\mu \mp \nu)p \pm kZ$； 其中 $\mu = 2k+1$, $\nu = 6k+5$	0	定、转子产生的磁场相互作用

根据表 4-2 可得出不同槽极配合电机的电磁力特性。表 4-3 为一台 36 槽 6 极永磁辅助同步磁阻电机的径向电磁力特性，可以看出，其径向电磁力频率为 $6nf_0$，阶数为 0 和 $6n$ 阶（其中 n 为自然数，f_0 为转子旋转频率，即转子机械频率）。

表 4-3 36 槽 6 极永磁辅助同步磁阻电机径向电磁力特性

频率	电磁力阶数 r	最小阶数	来源
$6nf_0$	6, 12, 24, 30, 42, 48, $\cdots$	6	定子产生的磁场作用
$6nf_0$	6, 12, 18, 24, 30, $\cdots$	6	转子产生的磁场作用
$6nf_0$	0, 6, 12, 18, 24, 30, $\cdots$	0	定、转子产生的磁场相互作用

图 4-7 所示为一台 36 槽 6 极永磁辅助同步磁阻电机模型，通过对其电磁力进行仿真及二维傅里叶分解，提取幅值较大的电磁力阶数和频率，见表 4-4，其电磁力的阶数为 0 阶和 $6n$ 阶，电磁力频率为 $6nf_0$。

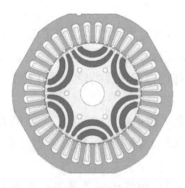

图 4-7 永磁辅助同步磁阻电机模型

图 4-8 永磁辅助同步磁阻电机实物图

表 4-4　36 槽 6 极永磁辅助同步磁阻电机径向电磁力分解

（单位：kN/m^2）

电磁力阶数	频率（f_0 为转子旋转机械频率）					
	$6f_0$	$12f_0$	$18f_0$	$24f_0$	$30f_0$	$36f_0$
0	—	—	0.39	—	—	4.08
6	50.5	—	—	—	—	—
12	—	5.97	—	—	—	—
18	—	—	10.83	—	—	—
24	4.43	—	—	6.28	—	—
30	—	0.45	—	—	16.84	—
36	—	—	0.78	—	—	15.23

　　同时对该 36 槽 6 极永磁辅助同步磁阻电机进行径向振动测试，图 4-8 所示为电机实物图，图 4-9 所示为该电机负载径向振动测试频率特性图，其中横坐标为振动频率，纵坐标为电机转速（运行频率），通过振动频率特性图可以很直观地分析电机振动特性、载波振动特性及共振问题等，颜色越深振动越大，该电机主要径向振动频率为 $6f_0$、$12f_0$、$18f_0$、$24f_0$、$30f_0$、$36f_0$、$72f_0$ 等，以及其他振动较小的倍频振动和载波振动。因此，该 36 槽 6 极永磁辅助同步磁阻电机主要径向电磁力频率为 $6nf_0$，主要径向振动频率为 $6nf_0$，推导、仿真和测试结果特性一致。

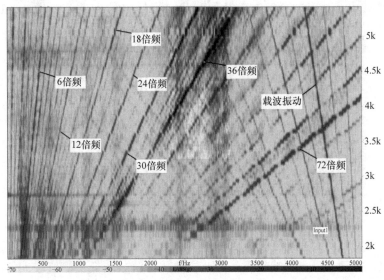

图 4-9　36 槽 6 极永磁辅助同步磁阻电机径向振动频率特性图

同样，根据表4-2可以推导出9槽6极永磁辅助同步磁阻电机径向电磁力特性，见表4-5，由于结构不对称，径向电磁力阶数为0和3n阶，频率为$6nf_0$，相比整数槽电机结构，分数槽结构径向电磁力波阶数更低，谐波电磁力更丰富，因此分数槽结构电机振动和噪声更为突出。

表4-5　9槽6极永磁辅助同步磁阻电机径向电磁力特性推导

频率	阶数 r	最小阶数	来源
$6nf_0$	3，6，12，15，21，24，30，…	3	定子产生的磁场作用
$6nf_0$	3，6，9，12，15，18，21，…	3	转子产生的磁场作用
$6nf_0$	0，3，6，9，12，15，18，…	0	定、转子产生的磁场相互作用

4.2.5　电机电磁力及振动和噪声仿真分析

目前对电机电磁力及振动和噪声仿真分析主要包括两个层次，一个层次是电磁力特性分析，另一个层次是磁 - 固耦合分析。

（1）电磁力特性分析。采用二维有限元方法，根据麦克斯韦张量法计算出气隙中产生的一系列在时间和空间上周期变化的电磁力波，如图4-10所示，对电磁力波进行二维傅里叶分析，可以得到电磁力在空间和时间域上的分布情况，如图4-11所示，即可得到电磁力的阶数和频率特性。

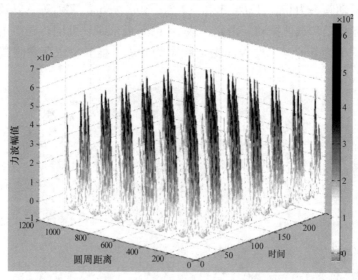

图4-10　电磁力在气隙中的分布情况

电磁力特性仿真有助于分析电机振动和噪声特性，由于阶数高、幅值小的电磁力对电机振动和噪声影响较小，因此主要关注阶数较低、幅值较大的电磁力，以及与定子固有模态频率接近的电磁力。提取阶数相对较低、幅值较大的电磁

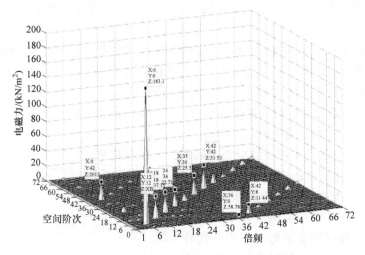

图 4-11　电磁力在空间和时间域上的分布情况

力，即可得到电机主要电磁力分布情况。

表 4-6 为一台 9 槽 6 极电机电磁力谐波分解情况，其中频率为 $6f_0$，阶数为 6 的基波电磁力幅值是最大的。此外，3 阶电磁力幅值也较大，电磁力阶数低，可引起更明显的振动和噪声问题。

表 4-6　9 槽 6 极电机电磁力谐波分解

（单位：kN/m^2）

电磁力阶数	频率（f_0 为转子旋转机械频率）				
	$6f_0$	$12f_0$	$18f_0$	$24f_0$	$30f_0$
3	60.8	11.0	—	0.6	0.7
6	109.1	7.6	—	4.0	
9	—	—	8.0	—	—
12	6.8	30.0	—	1.5	4.6
15	31.0	5.8	—	11.2	0.5
18	—	—	16.4	—	—
21	4.0	8.8	—	0.9	9.3
24	12.1	1.4	—	24.6	—

（2）磁 – 固耦合分析。电机的电磁振动问题是电机的电磁场和结构场相互耦合的多物理场问题。首先通过电磁场计算得到电机电磁力在时间和空间上的分布，然后将求得的电磁力作为载荷加载到电机的结构场模型中，采用模态叠加或者瞬态分析方法求得电机的振动。从电磁场和结构场的耦合方式来看，电机的电

磁振动分析方法大致可以分为磁-固弱耦合分析方法和磁-固强耦合分析方法两类。

1）电机的磁-固弱耦合分析。通过电磁有限元求得不同时刻下电机受到的电磁力，然后在结构有限元仿真中导入电磁有限元中得到的电磁力，通过模态叠加或瞬态结构有限元仿真来求得电机定子的振动响应。弱耦合的方法忽略了电磁力引起的结构变形对磁场及磁弹性的影响。已有的研究表明，对于尺寸不是很大的中小型电机，其精确度也是足够的。

2）电机的磁-固强耦合分析。在研究电机在电磁力作用下的振动特性时，不但要考虑电机电磁力对结构场的影响，还要考虑结构场的变化对电磁场的影响。强耦合的电磁和结构有限元仿真需要考虑应力对材料磁性能的影响，为非线性有限元仿真。但在工程当中一般很难得到材料在不同应力时的特性曲线，因此在实际仿真当中很难予以考虑。

目前一些商用有限元软件，例如ANSYS，能够实现电磁-结构-噪声弱耦合仿真分析，实现电机振动和噪声自动化分析流程，流程图如图4-12所示。

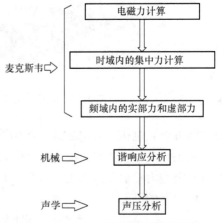

图4-12 电机振动和噪声分析流程

4.2.6 转矩脉动对电机振动和噪声的影响

1. 转矩脉动的产生

转矩特性是电机性能的重要指标，其中最主要的是平均转矩和转矩脉动，根据转矩脉动产生根源的不同，可以把永磁辅助同步磁阻电机主要的转矩脉动分成以下3类：

（1）齿槽转矩。当永磁电机定子开路时，电机所呈现的一种周期性脉动的转矩，齿槽转矩总是试图将转子定位在某一个位置，它是由转子永磁磁通和随角度变化的定子磁阻相互作用而产生的。从定义可知，齿槽转矩是由定子开槽引起的，与定子电流无关。

（2）永磁转矩脉动。由定子电流产生的磁动势谐波与转子永磁磁场谐波相互作用产生。对正弦波驱动的电机来说，主要是由于转子磁势分布偏离理想波形造成的。

（3）磁阻转矩脉动。由定子电流产生的磁动势谐波与随转子位置角度变化的转子磁阻相互作用而产生。对于表贴式永磁电机，由于转子磁阻几乎不随位置变化，因此磁阻转矩可以忽略，但对于永磁辅助同步磁阻电机，其凸极比较大，磁阻转矩占比大，磁阻转矩产生的脉动不可忽略。

图 4-13 所示为一台 6kW 永磁辅助同步磁阻电机电磁转矩组成，电机电磁转矩为 15N·m，磁阻转矩为 9N·m，磁阻转矩占比高达 60%。从转矩脉动来看，磁阻转矩的脉动要明显大于永磁转矩波动，对电磁转矩的大小及脉动影响更大。

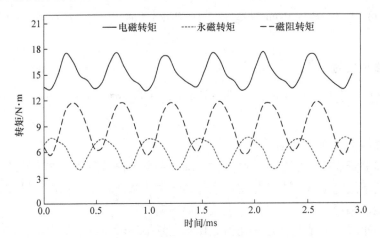

图 4-13　永磁辅助同步磁阻电机电磁转矩组成

永磁辅助同步磁阻电机负载运行时，感应电动势谐波和电流谐波相互作用产生转矩脉动。下面来分析转矩脉动产生的频率特性。在分析谐波转矩时，做如下假定：

1）不考虑永磁体和转子的阻尼效应；

2）转子励磁磁场对称分布；

3）定子电流和感应电动势不含偶次及分数次谐波。

为产生恒定的电磁转矩，要求电机的感应电动势和电流均为正弦波。实际上，由于永磁磁场的空间分布不是完全正弦的，因此感应电动势的波形会发生畸变。另外，由逆变器输入的定子电流也含有许多谐波，与感应电动势谐波作用，产生谐波转矩。

根据感应电动势与电流的表达式可推导出电磁转矩，具体如下：

A 相电流和感应电动势为

$$i_A(t) = I_{m1}\sin\omega t + I_{m5}\sin5\omega t + I_{m7}\sin7\omega t + \cdots$$
$$e_A(t) = E_{m1}\sin\omega t + E_{m5}\sin5\omega t + E_{m7}\sin7\omega t + \cdots \tag{4-27}$$

则 A 相电磁功率为

$$p_A = e_A(t)i_A(t) = P_0 + P_2\cos2\omega t + P_4\cos4\omega t + P_6\cos6\omega t + \cdots \tag{4-28}$$

同理得到，B 相和 C 相电磁功率分别为

$$p_{\mathrm{B}} = e_{\mathrm{B}}(t) i_{\mathrm{B}}(t) = P_0 + P_2 \cos 2\left(\omega t - \frac{2\pi}{3}\right) + P_4 \cos 4\left(\omega t - \frac{2\pi}{3}\right) + P_6 \cos 6\left(\omega t - \frac{2\pi}{3}\right) + \cdots$$

$$(4\text{-}29)$$

$$p_{\mathrm{C}} = e_{\mathrm{C}}(t) i_{\mathrm{C}}(t) = P_0 + P_2 \cos 2\left(\omega t + \frac{2\pi}{3}\right) + P_4 \cos 4\left(\omega t + \frac{2\pi}{3}\right) + P_6 \cos 6\left(\omega t + \frac{2\pi}{3}\right) + \cdots$$

$$(4\text{-}30)$$

电磁转矩为

$$T_{\mathrm{e}}(t) = \frac{1}{\Omega}(p_{\mathrm{A}} + p_{\mathrm{B}} + p_{\mathrm{C}}) = T_0 + T_6 \cos 6\omega t + T_{12} \cos 12\omega t + T_{18} \cos 18\omega t + \cdots$$

$$(4\text{-}31)$$

式中 Ω ——机械角频率。

上述分析表明，次数相同的感应电动势和电流谐波作用后产生平均转矩，次数不同的谐波电动势和电流作用产生脉动频率为基波频率6倍次的谐波转矩。各谐波转矩的幅值与感应电动势和电流波形的畸变程度有关。

用转矩峰-峰值与转矩平均值之比来定量描述转矩脉动的大小，定义转矩脉动比例为 $\sigma = (T_{\max} - T_{\min})/T_{\mathrm{avg}}$，其中，$T_{\mathrm{avg}}$ 为平均电磁转矩值，$T_{\max}$ 为稳态下最大转矩值，$T_{\min}$ 为稳态下最小转矩值。

2. 不同槽极配合时三相电机转矩脉动的特点

对于整数槽电机，感应电动势及电流的高次谐波主要为齿谐波 $\nu = kZ/p \pm 1 = 2kmq \pm 1$，其中，$Z$ 为定子槽数，p 为极对数，q 为每极每相槽数，$k = 1, 2, 3, \cdots m$ 为电机相数，$m = 3$。由于谐波幅值随次数反比减小，一阶齿谐波含量最为突出，因此，三相整数槽电机一阶齿谐波引起的转矩脉动频率为 $2mqpf_0$，即 Zf_0。

对于分数槽电机，由于每极每相槽数 q 为分数，因此 $\nu = Z/p \pm 1 = 2mq \pm 1$ 为分数，分数槽电机感应电动势中不含一阶齿谐波，避免了由于一阶齿谐波引起的转矩脉动。但分数槽电机的感应电动势中仍含有高阶齿谐波，进而产生谐波转矩。

为便于分析，令

$$q = \frac{Z}{2mp} = \frac{N}{D} \tag{4-32}$$

式中 $D \neq 1$，且 N 和 D 为不可约分数。

则三相分数槽电机齿谐波次数可写为

$$\nu = C \frac{Z}{p} \pm 1 = 2Cmq \pm 1 = 6C \frac{N}{D} \pm 1 = 6kN \pm 1 \tag{4-33}$$

当 C 为 D 的整数倍，即 $C = kD$ 时，齿谐波次数为奇数，也就是说，分数槽电机感应电动势中含有 kD 次齿谐波。其中 D 阶齿谐波含量最为突出，因此，三相分数槽电机主要的转矩脉动频率为 $CZf_0 = kDZf_0$，其中 C 为 D 的整数倍。

总结不同槽极配合的整数槽、分数槽三相电机转矩脉动特点见表4-7。

表4-7　不同槽极配合的整数槽、分数槽三相电机转矩脉动特点

整数槽电机 （$k = 0, 1, 2, \cdots$）		36 槽 6 极	24 槽 4 极	18 槽 6 极
齿谐波次数	$2kmq \pm 1$	$\nu = 12k \pm 1$	$\nu = 12k \pm 1$	$\nu = 6k \pm 1$
齿谐波引起的 转矩脉动频率	$2kmqpf_0 = kZf_0$ 其中 f_0 为转子机械频率	$12kpf_0 = 36kf_0$	$12kpf_0 = 24kf_0$	$6kpf_0 = 18kf_0$
分数槽电机		9 槽 6 极	6 槽 4 极	12 槽 10 极
齿谐波次数	$C\dfrac{Z}{p} \pm 1 = 6kN \pm 1$ 其中 $C = kD$	$q = \dfrac{N}{D} = \dfrac{1}{2}$ $\nu = 6k \pm 1$	$q = \dfrac{N}{D} = \dfrac{1}{2}$ $\nu = 6k \pm 1$	$q = \dfrac{N}{D} = \dfrac{2}{5}$ $\nu = 12k \pm 1$
齿谐波引起的 转矩脉动频率	$kDZf_0 = 6kNpf_0$ 其中 f_0 为转子机械频率	$2kZf_0 = 18kf_0$	$2kZf_0 = 12kf_0$	$5kZf_0 = 60kf_0$

通过以上分析可以看出，无论是整数槽电机还是分数槽电机，齿槽效应引起的齿谐波产生的转矩脉动频率主要为定子槽数与转子极数的最小公倍数。由于齿谐波难以消除，幅值较大，产生的电磁力及转矩脉动是引起电机振动和噪声的重要原因之一，因此削弱齿谐波及转矩脉动对降低电机振动和噪声极其重要。

4.2.7　变频器供电对电机噪声的影响

变频器驱动具有优异的调速和起动性能，被广泛应用于工业生产和日常生活中，但采用变频器驱动也给永磁辅助同步磁阻电机的振动和噪声带来了许多不利的因素。在变频器供电条件下，定子电流中含有大量的时间谐波，使气隙磁场谐波含量明显增加，特别是在开关频率附近，这些电流高次时间谐波在气隙磁场中产生高速旋转的空间谐波磁场，产生较大的径向电磁力，其频率可能与电机某些模态的固有频率接近而激发共振，使电机振动和噪声明显增大。

采用变频器供电时，永磁辅助同步磁阻电机的定子基波磁动势和永磁体谐波磁动势都不发生改变，但定子侧的谐波磁动势与正弦波供电时有较大的区别。由于输入电机的定子电流不再是原来的正弦波，而是含有大量的高次时间谐波，因此定子绕组 h 次时间谐波电流产生的谐波磁动势，以基波电流产生谐波磁动势的 h 倍转速旋转，磁动势为

$$f_h(\theta, t) = \sum F_h \cos(h\omega t - vp\theta - \varphi) \tag{4-34}$$

式中　$f_h(\theta, t)$——定子绕组 h 次时间谐波电流产生的谐波磁动势；

　　　　F_h——h 次时间谐波磁动势幅值。

可见，定子绕组 h 次时间谐波电流在电机气隙中同样也产生旋转的基波磁场

和谐波磁场，但转速是基波磁动势产生的基波磁场和谐波磁场的 h 倍。

h 次时间谐波电流产生的谐波磁动势与气隙磁导 $\Lambda(\theta,t)$ 相乘，即可得到定子绕组 h 次时间谐波电流在电机气隙中产生的旋转磁场，从而产生电磁力，引起振动和噪声。

研究表明，变频器产生的 h 次时间谐波电流主要分布在载波附近，由 h 次时间谐波电流产生的气隙磁场的主要谐波频率 f_h 与开关频率的关系表达式为

$$f_h = af_c \pm bf \qquad (4-35)$$

式中　f_c——变频器的开关频率，
　　　　即变频器载波；
　　　f——电机运行电频率。

图 4-14 所示为一台永磁辅助同步磁阻电机在变频器供电时的电流波形图，电流波形中包含很多毛刺，为变频器产生的高频时间谐波电流。图 4-15 所示为电流谐波分析频谱图，主要截取高频载波附近的电流谐波特性，

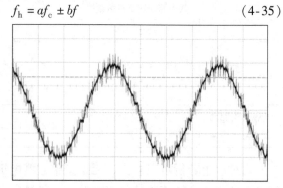

图 4-14　变频器供电时电机负载电流波形

其中变频器开关频率为 5036Hz，电机运行电频率为 180Hz。

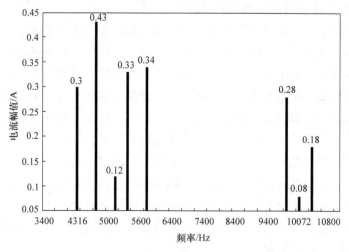

图 4-15　变频器供电时电流谐波分析

从分析频谱图来看，在 1 倍载波附近产生的主要的谐波频率为 4316Hz（1×5036Hz－4×180Hz）、4676Hz（1×5036Hz－2×180Hz）、5396Hz（1×5036Hz＋2×180Hz）、5756Hz（1×5036Hz＋4×180Hz）；2 倍载波 10072Hz 附近主要的谐

波频率为 9892Hz（2×5036Hz$- 1 \times 180$Hz）、10252Hz（2×5036Hz$+ 1 \times 180$Hz）。

总结以上高次电流谐波频率特性，当 a 和 b 为奇偶性相异的正整数时，高次谐波电流含量较大。

定子绕组 h 次时间谐波电流产生的谐波磁动势与气隙磁导相乘，即可得到定子时间谐波磁动势产生的气隙磁场。定子时间谐波磁动势产生的气隙磁场的谐波极对数和频率归纳见表 4-8。

表 4-8 h 次时间谐波电流产生的气隙磁场

h 次时间谐波电流	谐波极对数	频率
基波磁场	p	hf
ν 次谐波磁场	νp	hf

h 次时间谐波电流产生定子谐波磁动势，从而产生基波磁场，基波磁场的极对数为 p，频率为 hf，产生的 ν 次谐波磁场的极对数为 νp，频率也为 hf，也就是说，该磁动势产生的谐波磁场的次数与定子绕组谐波磁场相同，但频率为定子绕组谐波磁场的 h 倍。

h 次时间谐波电流引起的定子谐波磁动势所产生的磁场与转子永磁体磁场相互作用产生的径向电磁力主要分为以下 4 类：

第 1 类：h 次时间谐波电流产生的定子基波磁场与转子永磁体基波磁场相互作用产生的径向电磁力；

第 2 类：h 次时间谐波电流产生的定子 ν 次谐波磁场与转子永磁体基波磁场相互作用产生的径向电磁力；

第 3 类：h 次时间谐波电流产生的定子基波磁场与转子永磁体谐波磁场相互作用产生的径向电磁力；

第 4 类：h 次时间谐波电流产生的定子 ν 次谐波磁场与转子永磁体谐波磁场相互作用产生的径向电磁力。

其中，第 1 类：h 次时间谐波电流产生的定子基波磁场与转子永磁体基波磁场相互作用产生的电磁力阶数为

$$r = p \pm p = \begin{cases} 2p \\ 0 \end{cases} \tag{4-36}$$

因此，h 次时间谐波磁动势产生的频率为 f_h 的定子基波磁场与频率为 f 的转子永磁体基波磁场作用产生的电磁力的频率表达式为

$$f_r = f_h \pm f = af_c \pm bf \pm f = af_c \pm (b \pm 1)f = af_c \pm cf \tag{4-37}$$

式中，若 a 和 b 为奇偶性相异的正整数，那么 a 和 c 为奇偶性相同的正整数。

此时产生的电磁力的力波阶数为 0 或 $2p$，电磁力频率在载波频率附近，电磁力阶数较低、幅值较大，可引起明显的高频电磁振动和噪声。

对于其他 3 类径向电磁力，由于其阶数较高，幅值相对也要小很多，引起的振动和噪声问题很小，因此不再赘述。

图 4-16 所示为一台永磁辅助同步磁阻电机在 180Hz 运行时的实测噪声频谱图，将 2 倍载波频率（载波基频为 5000Hz）附近的噪声频谱放大，标出主要噪声峰值频率为 9640Hz（2 × 5000Hz − 2 × 180Hz）、10000Hz（2 × 5000Hz − 0 × 180Hz）、10360Hz（2 × 5000Hz + 2 × 180Hz）、10720Hz（2 × 5000Hz + 4 × 180Hz），符合变频器供电载波电磁噪声规律。

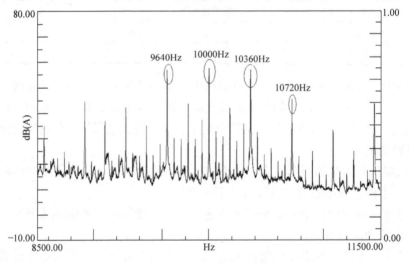

图 4-16 电机载波噪声实测频谱图

当载波电磁力频率与定子系统的固有频率相同或接近时，会引起共振，振动和噪声会明显增加，因此调整载波频率，使其产生的电磁力频率避开定子系统的固有频率可明显降低载波共振噪声。图 4-17 所示为一台永磁辅助同步磁阻电机在不同载波频率下的噪声频谱。如图 4-17a 所示，当载波频率为 5kHz 时，2 倍载波频率 10kHz 噪声峰值达 41.8dB（A），峰值突出。当载波频率变为 4.6kHz 时，2 倍载波频率 9.2kHz 噪声峰值降为 27dB（A），电机载波噪声明显降低，如图 4-17b 所示。

4.2.8 偏心对电机振动和噪声的影响

在工程实际中，由于加工及装配工艺的限制，定转子轴线不可能完全重合，因此会存在不同程度的转子偏心。电机中的转子偏心分为静偏心和动偏心。静偏心主要由定子铁心椭圆、定子或转子安装位置偏差等因素引起的，其特点是最小气隙的位置不变。动偏心是由转子轴弯曲、轴承磨损、极限转速下的机械共振等因素引起的，其特点是转子的中心不是旋转的中心，最小气隙位置随转子的旋转而变化。

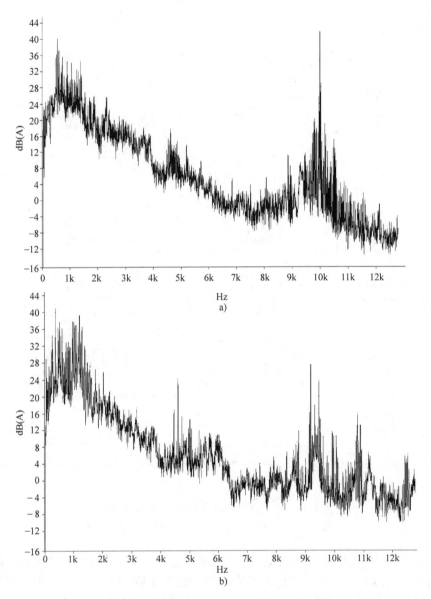

图 4-17 永磁辅助同步磁阻电机在不同载波频率下的噪声频谱

a）载波频率 5kHz b）载波频率 4.6kHz

图 4-18 所示为电机静偏心时的电磁力对比示意图，无偏心时，气隙大小均匀，对称的 A、B 两点磁通密度波形一致，两点电磁力差值为零。但如果存在静偏心，则 A、B 两点磁通密度波形不一致，电磁力差值不为零，因此会引入新的电磁力，使得电机振动和噪声变大。

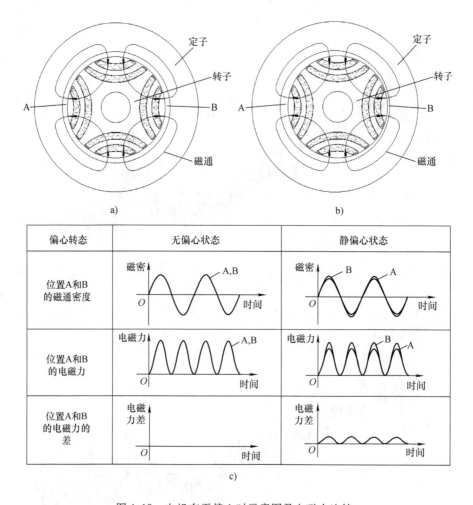

图 4-18　电机有无偏心时示意图及电磁力比较
a）无偏心　b）静偏心　c）无偏心和静偏心时电磁力比较

图 4-19 所示为 12 槽 8 极电机有无偏心状态下作用于定子内表面电磁力的分布情况，无偏心时，电机产生电磁力阶数主要为 4 阶和 8 阶，且电磁力圆周对称，转子受力均匀。当存在动偏心时，气隙不一致导致磁通密度不一致，使得电磁力不对称，转子受力不均，因此将引入一系列新的电磁力，这些新的电磁力阶数及频率与原有电磁力不同，从而使得电机电磁力谐波更多，引起更大的电机振动和噪声问题。

研究表明，永磁辅助同步磁阻电机在产生静偏心时，转子永磁体气隙磁场的幅值和次数发生改变，进而影响定、转子磁场相互作用产生的电磁力幅值和阶数，但电磁力的频率不发生改变，静偏心时产生的电磁力阶数、频率情况见表 4-9。

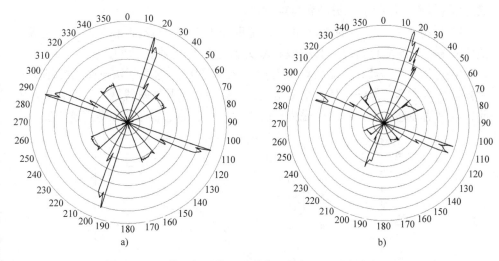

图 4-19　12 槽 8 极无偏心及动偏心状态下电磁力分布比较

a）无偏心　b）动偏心

表 4-9　静偏心时产生电磁力的阶数、频率

频率	阶数（$k=0,1,2,\cdots$）
$(\mu \pm 1)pf_0$	$(\mu \pm \nu)p \pm kZ$，其中 $\mu=2k+1$，$\nu=6k+1$ $(\mu \mp \nu)p \pm kZ$，其中 $\mu=2k+1$，$\nu=6k+5$
$(\mu \pm 1)pf_0$	$(\mu \pm \nu)p \pm kZ \pm 1$，其中 $\mu=2k+1$，$\nu=6k+1$ $(\mu \mp \nu)p \pm kZ \pm 1$，其中 $\mu=2k+1$，$\nu=6k+5$

而动偏心时，电磁力的频率与旋转频率 f_0 产生调制，使得产生的电磁力的幅值、阶数和频率均发生改变，使永磁辅助同步磁阻电机电磁力的幅值增大、阶数频率增多，从而使永磁辅助同步电机的振动和噪声增大。动偏心时，定、转子磁场相互作用产生的电磁力的阶数、频率情况见表 4-10。

表 4-10　动偏心时产生电磁力的阶数、频率

频率	阶数（$k=0,1,2,\cdots$）
$(\mu \pm 1)pf_0$	$(\mu \pm \nu)p \pm kZ$，其中 $\mu=2k+1$，$\nu=6k+1$ $(\mu \mp \nu)p \pm kZ$，其中 $\mu=2k+1$，$\nu=6k+5$
$(\mu \pm 1)pf_0 \pm f_0$	$(\mu \pm \nu)p \pm kZ \pm 1$，其中 $\mu=2k+1$，$\nu=6k+1$ $(\mu \mp \nu)p \pm kZ \pm 1$，其中 $\mu=2k+1$，$\nu=6k+5$

当电机存在动偏心时，对电机电磁力的影响主要两方面：一方面是改变原有电磁力幅值，使得电机振动和噪声发生改变；另一方面是新增一系列不同频率不同阶数的电磁力，这些新增的电磁力阶数为原有电磁力阶数 ±1，频率为原有电

磁力频率 $\pm f_0$，使得电机振动和噪声增加。

图 4-20 所示为一台 36 槽 6 极永磁辅助同步磁阻电机动偏心时，新增电磁力幅值随偏心率的变化情况，其中偏心率为偏心量与气隙宽度的比值，$(5，6f_0)$ 表示电磁力阶数 $r=5$，电磁力频率为 $6f_0$。可以看出，这些新增电磁力在不偏心时幅值基本为零，但随着偏心量的增大，电磁力幅值基本呈线性增大的趋势。因此，电机偏心越严重，新增电磁力幅值越大，引起的电磁振动和噪声越明显。

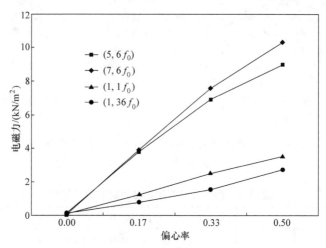

图 4-20　新增电磁力幅值随偏心率的变化情况

4.2.9　磁饱和、磁致伸缩等对电机振动和噪声的影响

（1）磁饱和。当电机在高频或过载等条件下运行时，电机铁心磁饱和程度增加，特别是定子齿靴处于高度磁饱和状态时，这等效于增大定子槽开口，齿槽效应增加，电压和电流波形变差，谐波增多，谐波电磁力增加，使得电机振动和噪声增加明显。

（2）磁致伸缩。铁磁材料在磁化过程中能够发生机械形变，该现象称为磁致伸缩。产生这种现象的原因是在铁磁物质中，磁化方向的改变会导致磁畴重新排列而形成晶体间距的变化，从而使铁磁体的长短或体积发生变化。

定子铁心由硅钢片叠压而成，在电机工作时，由于硅钢片的磁致伸缩会引起铁心内部发生变形和应力，使定子铁心随励磁频率的变化做周期性振动，从而会对电机的振动和噪声有一定的影响。

定义磁致伸缩系数 Λ 为当磁化密度由零增加到它的饱和值时，样本的长度变化值 Δl 与长度 l 的比值，即

$$\Lambda = \frac{\Delta l}{l} \tag{4-38}$$

磁致伸缩系数 Λ 可正可负。在第一种情况下，磁通密度增大引起样本膨胀；

在第二种情况下，磁通密度增大引起样本收缩。电机在交变磁场的作用下，它的尺寸循环变化，图 4-21 所示为正弦波变化的磁通密度以及相应的随时间变化的磁致伸缩系数，磁致伸缩曲线 $\Lambda(t)$ 可以用傅里叶级数变换为一个恒定分量和一系列的谐波函数，这些谐波在恒定分量确定的平均位置附近振动，这些振动的基波频率为磁通密度频率 f 的 2 倍，即

$$f_\Lambda = 2f \tag{4-39}$$

在交流旋转电机中，磁致伸缩力基波的阶数为

$$r_\Lambda = 2p \tag{4-40}$$

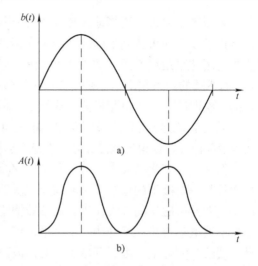

图 4-21　正弦磁通密度与磁致伸缩变化关系

可见，电机磁致伸缩引起的力波阶数频率与基波电磁力是一样的，力波阶数为电机的极数，力波频率为电源的 2 倍频。

对于静态机电能量转换器，如变压器、电感器等，磁致伸缩是引起振动和噪声的主要原因。对于交流旋转电机，需要考虑磁致伸缩对振动和噪声的影响。相关研究表明，在常规电机中，磁致伸缩力引起的定子振动响应要比电磁力引起的定子振动响应小两个数量级，对电机振动和噪声贡献较小。但在非晶合金永磁电机中，由于非晶合金材料具有磁致伸缩系数较大的缺陷，由此引起电机振动和噪声显著增大，因此，对于非晶合金永磁电机，磁致伸缩引起的振动和噪声问题不可忽略。

4.3　永磁辅助同步磁阻电机振动和噪声抑制技术

永磁辅助同步磁阻电机的电磁振动和噪声是由谐波电磁力引起的，而谐波电磁力由定转子谐波磁场相互作用产生，因此，可以通过优化电机定转子谐波磁场，降低谐波含量，削弱谐波电磁力及转矩脉动，以达到降低永磁辅助同步磁阻电机振动和噪声的目的。

4.3.1　整数槽绕组与分数槽绕组的选择

1. 整数槽绕组

整数槽绕组，其每极每相槽数 q 为整数，从降低谐波方面考虑，采用分布绕组可以有效削弱一般的高次谐波，而且每极每相槽数 q 越多，抑制谐波效果越好，因此可降低由此引起的电机振动和噪声。

采用短距绕组，适当地选择线圈的节距，使得某一次谐波的节距系数等于或者接近于零，即可达到消除或削弱某次谐波的目的。例如为了消除第 ν 次谐波，应当选用比整距线圈短 τ/ν 的短距线圈，在 ν 次谐波磁场中，比整距线圈缩短 τ/ν 的线圈的两条线圈边总是处在同一极性的相同磁场位置下，因此，两条线圈边的 ν 次谐波电动势恒相抵消，这就是短距消除谐波电动势的原因。

采用单双层混合式不等匝绕组，也能有效地消除或削弱高次谐波，改善电机气隙磁势波形，使得气隙磁势分布更趋近于正弦波，有助于降低电机振动和噪声。

但是，在高次谐波中，有一种 $\nu = kZ/p \pm 1 = 2kmq \pm 1$ 次的谐波，这种谐波的次数与一对极下的齿数 Z/p 具有特定关系，称为一阶齿谐波。定子开槽以后，由于周期性齿磁导的放大作用，在整数槽绕组和气隙较小的情况下，定子绕组中的齿谐波电动势将比不开槽时增大很多倍，使电机的电动势波形中出现明显的齿谐波波纹。实际上，由于开槽引起的谐波磁场的次数，与由定子绕组磁势中的齿谐波磁势所产生的完全相同，两者的次数都是 $kZ/p \pm 1 = 2kmq \pm 1$，因此可将两者的效应叠加起来，合成的磁场称为齿谐波磁场，k 为 1 时称为一阶齿谐波，k 为 2 时称为二阶齿谐波……

图 4-22 所示为一台 36 槽 6 极永磁辅助同步磁阻电机的感应电动势谐波分析，可以看出，除基波外，该电机的 11 次谐波幅值非常大，是该电机最主要的谐波，为定子开槽产生的齿槽效应引起的一阶齿谐波。

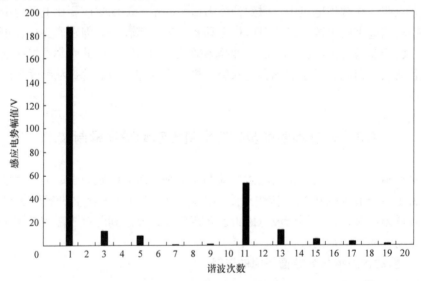

图 4-22　感应电动势谐波分解

对于一般的高次谐波，可以采用短距绕组和分布绕组等方式来削弱，但对于齿谐波，它的绕组因数等于基波的绕组因数，不能采用短距绕组和分布绕组的办法来削弱。

2. 分数槽绕组

分数槽绕组是指每极每相槽数 q 为分数的绕组，即

$$q = \frac{Z}{2mp} = \frac{N}{D} \tag{4-41}$$

式中，$D \neq 1$，且 N 和 D 没有公约数。

那么，首先来分析 $60°$ 相带分数槽绕组本身的谐波特性，当分母 D 为奇数和偶数时谐波特性是不一样，如下：

（1）当 D 为奇数时，正规 $60°$ 相带分数槽绕组合成三相磁势中，只存在下列谐波，即

$$\nu = \frac{1}{D}, -\frac{5}{D}, \frac{7}{D}, -\frac{11}{D}, \frac{13}{D}, \cdots\cdots \tag{4-42}$$

即

$$\nu = \pm \frac{(6n \pm 1)}{D} \tag{4-43}$$

式中，$n = 1，2，3，4\cdots$两个正负号同时取正或取负。

（2）当 D 为偶数时，正规 $60°$ 相带分数槽绕组合成三相磁势中，只存在下列谐波，即

$$\nu = \frac{1}{\left(\frac{D}{2}\right)}, -\frac{2}{\left(\frac{D}{2}\right)}, \frac{4}{\left(\frac{D}{2}\right)}, -\frac{5}{\left(\frac{D}{2}\right)}, \frac{7}{\left(\frac{D}{2}\right)}, \cdots\cdots \tag{4-44}$$

即

$$\nu = \pm \frac{2(3n \pm 1)}{D} \tag{4-45}$$

式中，$n = 1，2，3，4\cdots$两个正负号同时取正或取负。

由以上可以看出，正规 $60°$ 相带分数槽绕组中，只有 $D = 2$ 时才不出现分数次谐波，其他情况都存在分数次谐波。

在分数槽绕组中，由于 D/m 不等于整数，$2kmq \pm 1$ 不等于奇数，因此把最强的低阶齿谐波都消除了，这时只有 $k = D$ 才能使 $2kmq \pm 1$ 为奇数，把存在的齿谐波次数提高到 $k = D$ 阶 $2Dmq \pm 1$，而阶数越高，相应的齿谐波磁场越弱。因此，对分数槽绕组而言，q 的分母 D 越大，削弱效应越强，所以在设计分数槽电机时可以把 D 设计大一些，以削弱齿谐波，降低电机振动和噪声。

值得注意的是，对于槽极数较低而 $D = 2$ 的分数槽电机，例如 6 槽 4 极、9 槽 6 极电机，一阶齿谐波已经被消除，但二阶齿谐波 5、7 次谐波幅值依然较大且次数低，会引起电机振动和噪声问题。因此，分数槽绕组应用在多槽多极电机中时减振降噪效果更好。同时分数槽不对称，会产生偶次分数次谐波，以及低阶电磁力，谐波电磁力丰富，从而引起电机振动和噪声问题。

分数槽绕组谐波特性较整数槽更复杂，其绕组谐波特性与电机槽极配合有

关，因此在进行分数槽电机设计时应选择合适的槽极配合。

4.3.2 定子齿靴切边设计

对于分数槽电机，特别是槽极数较少的电机，由于定子齿数较少，齿靴较大，磁场较集中，气隙磁场趋于矩形波，磁场波平顶两侧呈现尖峰，因此对定子齿靴进行切边设计，能够优化磁场谐波含量，有助于降低电机转矩脉动，降低电机电磁振动和噪声。

图 4-23 所示为一台 9 槽 6 极永磁辅助同步磁阻电机定子齿部结构图。对齿靴两端进行切边设计，其中图 4-23a 所示为齿靴切平边，平边与齿边垂直，图 4-23b 所示为齿靴切斜边，即平边与齿边不垂直。在其他结构不变的情况下，对比分析以上两种切边设计对电机转矩脉动的影响。

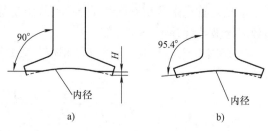

图 4-23　定子齿靴切边结构示意图
a）平边　b）斜边

图 4-24 所示为定子齿下气隙磁通密度波形对比，定子齿靴没有切边时，气隙磁通密度波形趋于矩形波，在齿靴两端磁通密度突变，出现明显尖峰，波形畸变严重。定子齿靴切平边设计时，齿靴两端切边处气隙磁阻变大，磁通密度变小，磁通密度尖峰基本消失，磁通密度向齿中心集中，中心区域磁通密

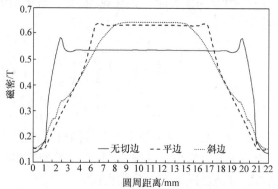

图 4-24　定子齿下气隙磁通密度波形图

度变大，磁通密度波形变为梯形波。定子齿靴切斜边设计时，磁通密度进一步集中，磁通密度波形趋于正弦波，波形畸变较小，对气隙磁通密度波形进行优化，降低磁场谐波含量，可以有效降低由此产生的电磁力谐波，降低电机振动和噪声。

进一步分析定子齿靴切边对电机转矩脉动的影响，如图 4-23 所示，定义 H 为齿靴切边宽度，其值越大，切边量越大。图 4-25 所示为定子齿靴切边 H 对电机转矩脉动的影响，定子齿靴没有切边时，转矩脉动为 37.2%，随着 H 的增大，转矩脉动先减小后增大，当 H 为 0.9mm 左右时，电机转矩脉动最小，即存在最优的切边设计。另外值得注意的是，H 值过大，切边量过大，会使得气隙磁通密度降低，电机出力下降，电机转矩脉动也会变大。

图 4-26 所示为优化后的齿靴切边电机与齿靴无切边电机转矩曲线对比，定子齿靴切边后电机转矩峰－峰值大幅度减小，转矩脉动下降 67%，可有效降低由转矩脉动及脉动力波引起的振动和噪声，也利于对电机进行精确控制，提升电机控制稳定性。

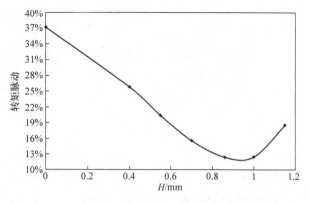

图 4-25　定子齿靴切边 H 对电机转矩脉动的影响

4.3.3　永磁体槽不对称设计

为了充分利用磁阻转矩，永磁辅助同步磁阻电机转子一般采用内置多层永磁体结构，而且永磁体及永磁体槽的位置及形状多样，转子磁场结构复杂，永磁体槽设计直接影响电机转矩脉动，因此可通过改变永磁体层两端永磁体槽位置，以及永磁体槽不对称设置来进行降转矩脉动及降噪设计。

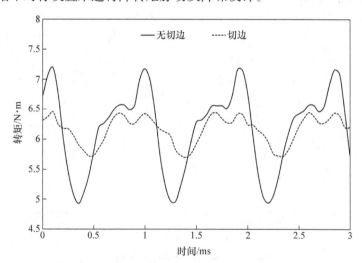

图 4-26　齿靴切边与齿靴无切边电机的转矩曲线

图 4-27 所示为一台 48 槽 8 极永磁辅助同步磁阻电机 A 型和 B 型两种转子结构图，两者仅转子外层永磁体两端的永磁体槽位置形状不同，并把两种形状结构组合在一起，组成 C 型转子结构，如图 4-28 所示，可以有效降低转矩脉动。

图 4-29 所示为 A 型、B 型和 C 型 3 种转子电机转矩曲线，其转矩峰值相位及转矩脉动大小是不一样的，通过 A 型和 B 型两种结构组合，使得两种转矩曲线峰值相位相互错开叠加，达到减小转矩脉动的目的。A 型转子电机转矩脉动为 49.2%，

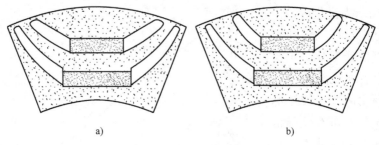

图 4-27　两种转子结构图

a) A 型转子　b) B 型转子

B 型转子电机转矩脉动为 28.8%，C 型
转子电机转矩脉动为 18.7%，比 A 型和
B 型转子电机转矩脉动大幅度下降。

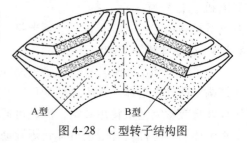

图 4-28　C 型转子结构图

　　同样，还可以采用永磁体槽完全
不对称转子结构方式来降低电机转矩
脉动，如图 4-30 所示，其特点是转子
每极永磁体槽所跨角度均不相同，采

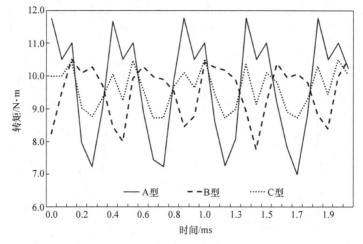

图 4-29　3 种不同转子的电机转矩曲线

用该不对称结构后，电机转矩脉动由对称结构的 44% 下降至 14% 左右，转矩脉
动下降 68%，效果明显，转矩曲线对比如图 4-31 所示。

　　从结构来看，以上几种转子永磁体槽不对称组合的方法可以降低转矩脉动，
但不对称组合设计会引起磁场不对称，引入新的低阶电磁力，可能引起新的振动
和噪声问题，在设计时需要综合考虑。

4.3.4　极弧优化和磁极削角

　　对于永磁辅助同步磁阻电机，多层永磁体的布局会直接影响电机齿谐波的幅

值，对转子内外两层永磁体进行
极弧优化和磁极削角设计，减小
磁场突变，使内外两层磁钢磁路
结构产生的谐波相互抑制，减小
磁场脉动，达到削弱齿谐波的目
的，实现电机电磁力波及振动的
抑制。

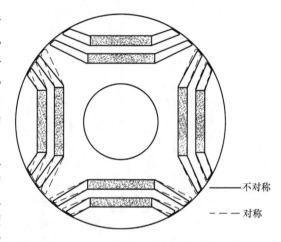

　　图 4-32 所示为 36 槽 6 极永
磁辅助同步磁阻电机 3 种不同的
转子结构，其中 B 型结构与 A
型结构相比，永磁体层两端角度
θ 变大，并进行了极弧优化设
计，而 C 型与 B 型相比，仅在

图 4-30　永磁体槽完全不对称转子结构

外层磁体层两端进行削角设计。在定子不变的情况下进行电机转矩曲线对比，如
图 4-33 所示，3 种转子电机的转矩脉动相差很大，C 型转子结构通过增大 θ 角和
削角，转矩脉动下降明显。

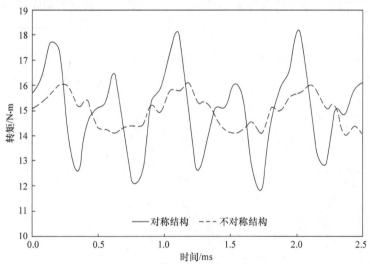

图 4-31　电机转矩曲线对比

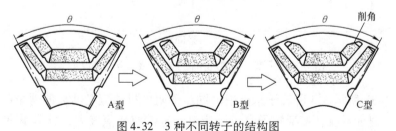

图 4-32　3 种不同转子的结构图

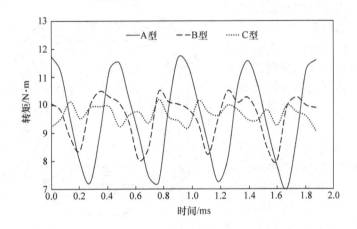

图 4-33　3 种转子电机转矩曲线

　　图 4-34 所示为 A 型、C 型两种转子电机感应电动势波形图，转子结构优化后，由于转子磁路位置与定子齿槽位置发生变化，因此电机感应电动势波形变好，趋于正弦波，原有的锯齿波明显消失，谐波幅值及含量大幅降低。

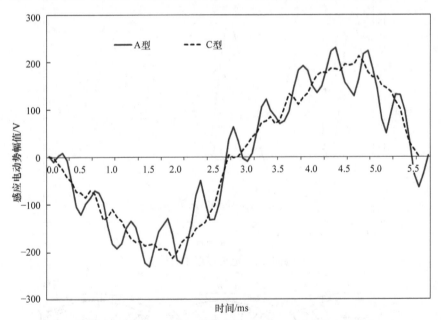

图 4-34　A 型、C 型两种转子电机感应电动势波形

　　图 4-35 所示为 3 种转子永磁辅助同步磁阻电机感应电动势的傅里叶谐波分析情况。显而易见，A 型转子电机感应电动势谐波幅值极大，11 次齿谐波极其

突出，与转子磁场作用可引起明显的 $36f_0$ 电机振动和噪声，f_0 为转子旋转频率，即机械频率。B 型、C 型转子电机感应电动势 11 次齿谐波均大幅降低，除 7 次谐波外，其他次谐波幅值也均降低，C 型转子削弱谐波效果最好。

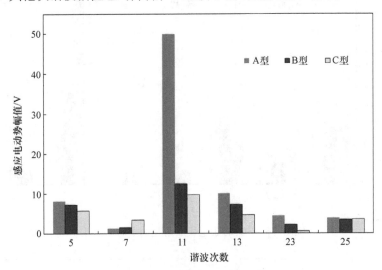

图 4-35　3 种转子电机感应电动势傅里叶谐波对比

下面来分析 3 种转子对永磁辅助同步磁阻电机电磁力的影响情况，由于 36 槽 6 极电机的主要低阶电磁力为 0 阶和 6 阶，其中 6 阶为基波电磁力，阶数相对较高，对电机振动和噪声影响较小，0 阶电磁力主要由齿谐波引起，对电机振动和噪声影响较大，因此主要分析 0 阶电磁力情况。

图 4-36 所示为 3 种转子永磁辅助同步磁阻电机 0 阶径向电磁力对比分析，A 型转子电机频率为 $36f_0$ 的 0 阶径向电磁力非常突出，主要由 11 次齿谐波与基波作用产生。电机转子优化后，其电磁力幅值随着 11 次齿谐波幅值的降低而下降，$36f_0$ 的 0 阶径向电磁力幅值下降 75% 左右，效果明显，同时其他电磁力没有明显增加。

同样，图 4-37 所示为 3 种转子永磁辅助同步磁阻电机 0 阶切向电磁力对比分析，A 型转子电机频率为 $36f_0$ 的 0 阶切向电磁力同样非常突出，主要由转子切向转矩脉动引起的切向电磁力脉动作用产生，优化后的 C 型转子电机电磁力 $36f_0$ 的 0 阶切向电磁力幅值下降 87% 左右，效果明显。

针对以上优化设计，进行 A 型、C 型两种转子结构的样机试制，如图 4-38 所示，并通过电机振动测试系统对比测试验证电机振动改进效果，电机振动测试系统如图 4-39 所示。

图 4-40 所示为 A 型、C 型转子电机振动加速度测试结果对比，提取主要的

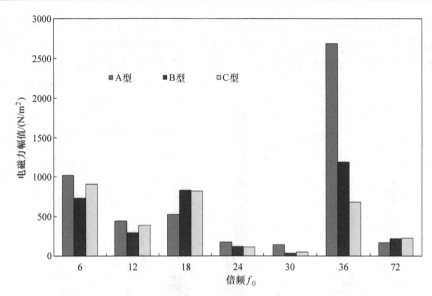

图 4-36　3 种转子电机 0 阶径向电磁力对比

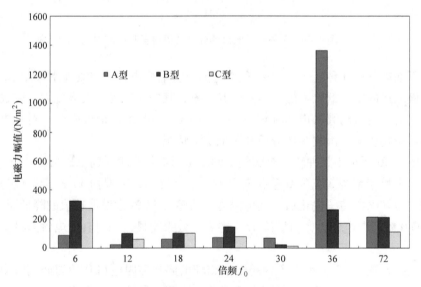

图 4-37　3 种转子电机 0 阶切向电磁力对比

转子旋转频率倍频振动加速度情况，结果显示，优化后的 C 型转子电机 $36f_0$ 径向切向振动加速度幅值大幅降低，振动和噪声明显好转。A 型转子电机由于存在巨大的 11 次谐波及较大的 $36f_0$ 转矩脉动，从而引起突出的 $36f_0$ 的径向切向振动，使得电机振动和噪声异常突出。通过实际测试验证对比，进一步证明通过极弧优化和磁极削角进行电机减振降噪设计是有效的。

图 4-38 样机图

图 4-39 电机振动测试系统

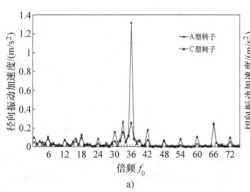

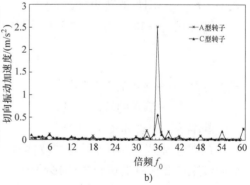

a)

b)

图 4-40 A 型、C 型转子电机振动加速度测试对比

a) 径向振动加速度 b) 切向振动加速度

4.3.5 变频器降噪控制技术

变频器控制方式对永磁辅助同步磁阻电机减振降噪设计至关重要，可通过转矩补偿控制降低电机转矩脉动，达到降低电机振动和噪声的目的；也可通过对载

波进行控制，来降低载波引起的电机振动和噪声。

1. 转矩补偿

在电机控制系统中，通过电流环和速度环的优化，可以使电机电流产生的部分转矩抵消电机原来的脉动转矩和外界的转矩波动，从而降低电机的转矩波动，电机的振动和噪声也会随之降低，电机低频运行时改善效果尤其明显。

转矩补偿可以有效降低永磁辅助同步磁阻电机的转矩波动。主要步骤可以分为两步：①准确估算出当前电机运行的负载情况；②根据负载情况进行电流前馈补偿。

永磁辅助同步磁阻电机的机械运动平衡方程为

$$T_e - T_L = J\frac{d\omega_m}{dt} + B\omega_m \tag{4-46}$$

电磁转矩方程为

$$T_e = \frac{3}{2}p(\boldsymbol{\psi}_{PM}\boldsymbol{i}_q + (L_d - L_q)\boldsymbol{i}_d\boldsymbol{i}_q) \tag{4-47}$$

忽略电机的黏滞系数，结合式（4-46）和式（4-47）可以得到

$$T_L = \frac{3}{2}p(\boldsymbol{\psi}_{PM}\boldsymbol{i}_q + (L_d - L_q)\boldsymbol{i}_d\boldsymbol{i}_q) - J\frac{d\omega_m}{dt} \tag{4-48}$$

定义 i^* 为等效的电流输入，可以表示为

$$i^* = \frac{\frac{3}{2}p(\boldsymbol{\psi}_{PM}\boldsymbol{i}_q + (L_d - L_q)\boldsymbol{i}_d\boldsymbol{i}_q)}{K'_t} \tag{4-49}$$

式中　K'_t——测量的转矩常数。

结合式（4-48）和式（4-49）可以得到

$$T'_L = K'_t i^* - J'\frac{d\omega'_m}{dt} \tag{4-50}$$

式中　T'_L——估算的负载转矩；

　　　J'——测量的转动惯量。

基本运行原理如图 4-41 所示。

在理想情况下，不加低通滤波器时，转矩波动对电机输出速度影响为零，即负载转矩的变化对电机转速的影响为零，然而在实际电机系统中无法达到该效果，因此需在转矩补偿算法中加入一个低通滤波器，以尽量减小负载转矩对电机转速的影响，转矩补偿的重点是对电机转速的准确估算或测量，以及滤波器截止频率的选取。

2. 变载波

一般情况下永磁辅助同步磁阻电机采用 SVPWM 控制，载波周期在 3.0 ～ 10.0kHz 左右，这段频率范围内所产生的载波噪声相对于其他噪声来说不是很

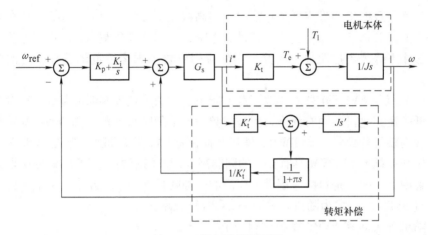

图 4-41 转矩补偿原理图

大，甚至在频谱图上没有明显的峰值，通过吸声和隔声可以很容易地降低噪声。但是在某些情况下，这些载波与电机的固有频率相近时会产生共振，就会产生极其刺耳的电磁噪声。通过对载波频率进行控制，可以有效地降低电机噪声。

（1）电流滞环控制。一般情况下，永磁辅助同步磁阻电机为了获取圆形磁场，采用 SVPWM 控制，而电流环采用 PI 控制，载波频率固定，很容易产生峰值较大的特定次谐波含量。电流滞环控制原理如图 4-42 所示，i_{ref} 为参考电流，i 为采集的电机

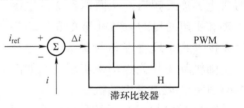

图 4-42 滞环控制原理图

电流，参考电流与电机电流经过比较后，将比较值 Δi 送入滞环比较器，H 为滞环比较器环宽。当每次 Δi 穿过或者回落到 $H/2$ 时，开关管就会发生一次动作，所以开关管的频率不是一个固定值，而是一个随着 Δi 变化而变化的值。

电流滞环控制的优点是不输出特定次谐波含量，并能有效抑制电机的电磁噪声。缺点是滞环控制的跟踪效果与滞环环宽有关，开关频率范围广。

（2）变载波频率。提高 PWM 控制的载波频率，不但可以使载波频率远离电机结构的固有频率，降低载波噪声，同时还可以改善高频运行时电机的电流波形，减少谐波含量，从而降低电磁噪声，并使产生的载波噪声的频率处于人耳非敏感的高频段，从而减少了噪声的影响程度。另外，载波噪声频率的提高，更利于在采取吸声、隔声或阻尼等降噪措施时取得良好的降噪效果。

但需要注意的是，采用改变载波频率降低振动和噪声的方法也存在一些问题，如降低载波频率有可能导致电机在高频运行时电流的畸变，谐波含量的增

加，从而导致电机的噪声增加；同时，提高载波的方法会造成 IGBT 模块在开关过程中的开关损耗增加，造成系统效率下降，特别是高负载运行时由于电流的增加，效率下降得更加明显。因此，实际应用中要根据运行范围选择合适的载波频率。

（3）随机 SVPWM 技术。改变载波频率的方法是把控制器的载波频率升高或者降低来避开电机的固有频率，但载波频率不是随时可变的。随机 SVPWM 技术可以分为随机开关频率 SVPWM、随机脉冲位置 SVPWM 和随机开关 SVPWM。其中随机开关频率 SVPWM 具有更优的削弱高次谐波的能力，其产生的低次谐波也是三者中最少的，是目前应用最为广泛的一种随机 SVPWM 方法。本书主要介绍的随机 SVPWM 技术为随机开关频率 SVPWM 技术。

随机开关频率 SVPWM 技术可以将原来集中于开关频率整数倍处及其附近的谐波能量明显减小，并且可以使得谐波能量比较均匀地分布在尽可能宽的频带上，将原来的离散谐波频谱变为整个频带上的连续频谱，从而达到降低电磁振动和噪声的目的。随机开关频率 SVPWM 技术的原理是在传统的 SVPWM 技术上随机改变开关频率来实现的。如图 4-43 所示，载波频率随机变化。

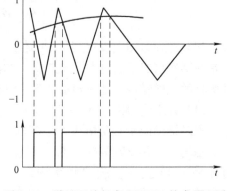

图 4-43　随机开关频率 SVPWM 技术原理图

随机开关频率 SVPWM 的开关频率可以表示为

$$f_c = f_{c0} + R_i \Delta f \tag{4-51}$$

式中，R_i 是一个在 $[-1, 1]$ 上分布的随机数，中心频率 f_{c0} 和频带 Δf 是常数。开关频率 f_c 决定了输出电流中谐波的频谱分布，如果 f_c 在某一范围内变化，则其谐波频谱也在相应的范围内变化，因此，如果 f_c 的变化范围（即频带）越大，则其频谱就能均匀分布在更宽的范围内，但因为功率开关器件在开关频率过高时，开关损耗太大，散热困难，所以 f_c 存在上限值；而当 f_c 较小时，变频器输出电流的质量会变差，甚至会引起系统的不稳定，f_c 也存在下限值。因此 f_c 是一个具有上限频率和下限频率的随机序列。控制器输出的高次谐波含量与 R_i 有关，所以 R_i 的选取会直接影响高次谐波的频谱分布。任何一种随机 SVPWM 技术都需要产生随机数列来实现，随机数列的产生可以大致分为数学公式法、逻辑法（移位法）、查表法和物理法 4 种。

1）数学公式法。利用数学公式法中的线性同余法求取随机数列。其表达式为

$$R_{n+1} = (R_n a + b) \, \text{Mod}(2^{N_s}) \qquad (4\text{-}52)$$

式中，R_n 和 R_{n+1} 分别为第 n 次和第 $n+1$ 次产生的随机数，a 和 b 均为质数，N_s 为随机数的最大字长。运算只包含一个乘法和加法，运算简单。

线性同余法的位数越多，周期就越长，所产生的随机数性能就越好，b 与 2^{N_s} 互素，且 a 为 $4K+1$ 的形式是实现满周期线性同余法的充分必要条件，其中 K 为非负整数，初始值在表示的值范围内随机选取。

2）逻辑法。采用逻辑法产生随机数是通过对一个数的其中几位进行逻辑运算来实现的，原理如图 4-44 所示，随机数的位数取决于 DSP 数字处理器的位数，这里选 32 位。通过对选择的几位数进行逻辑运算，产生一个新的值。然后将该值移动到最低位，这样就可以产生一个随机数列，选取的位数越多所产生的随机数性能就越好。因为逻辑法所产生的随机数存在重复性，所以逻辑法也称为伪随机数产生法。

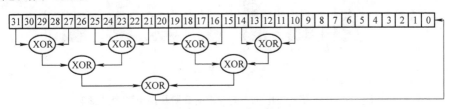

图 4-44　逻辑法原理

3）查表法。查表法是将离线产生的随机数存储在存储器中，单片机对随机数表进行实时调用及计算，因此不存在实时计算的负担，而存储空间的大小决定了该方法的随机效果。存储的随机数越多，频谱分布得越均匀。

4）物理法。将物理随机数发生器连接到计算机上，利用非线性变化的物理过程产生随机数，这种方法能够得到性能更好的随机数。

4.3.6　其他电机本体降噪技术

（1）定子斜槽或者转子斜极。定子斜槽或转子斜极的目的是削弱由齿槽效应引起的齿谐波，改善电机齿槽转矩和转矩脉动，一般斜槽或斜极的角度由电机定子槽数和转子极数决定，为 360° 除以电机槽数和极数的最小公倍数，但要指出的是，斜槽或斜极会使感应电动势和输出电磁转矩有所下降，而且，定子斜槽或转子斜极在电机绕组通电时，会产生附加的轴向力，使转子轴向窜动。在工业上大批量生产时，斜槽不便于机器自动嵌线，因此大批量生产时一般采用转子分段错位的方法，分段数越多，斜极效果越好，分段数的多少应根据实际需要选取，每段转子错开的角度为斜槽角度除以分段数。

（2）增加气隙宽度。增大气隙宽度可以减小气隙磁通密度，从而减小电机产生的电磁力，最终减小电机电磁振动和噪声。

　　图 4-45 所示为一台 36 槽 6 极电机不同气隙宽度时，0 阶径向电磁力的仿真对比图。从仿真结果来看，通过增大气隙，能够降低各频率电磁力的幅值，但需要注意的是，增大气隙宽度，减小气隙磁通密度，会导致电机出力减小，影响电机性能。

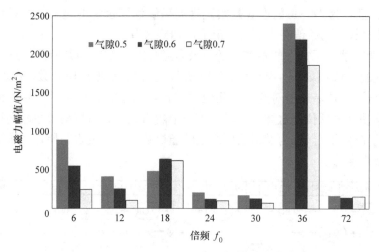

图 4-45　36 槽 6 极电机不同气隙对 0 阶径向电磁力的影响

　　（3）定子齿开辅助槽。通过定子齿开槽增加定子槽数，使得齿槽效应产生的电磁力（齿槽转矩、齿谐波等）阶数及频率都增大，从而降低电机振动和噪声。

　　图 4-46 所示为一台 36 槽 6 极电机定子齿开辅助槽对电机电磁力的影响，该电机产生的一阶齿谐波为 11 次谐波，主要产生 $36f_0$ 的电磁力，二阶齿谐波为 23 次谐波，主要产生 $72f_0$ 的电磁力。从图中对比可以看出，开辅助槽后，由于槽口增加一倍，因此 $36f_0$ 的电磁力明显降低，$72f_0$ 的电磁力增加，电磁力频率增加，幅值降低，可以降低电机振动和噪声。

　　另外，电机转矩脉动谐波次数也会发生变化。图 4-47 所示为定子齿开辅助槽对电机转矩脉动谐波的影响，开辅助槽后，36 倍频的转矩脉动幅值由 1.49N·m 降为 0.4N·m，减小了 73%，效果明显，虽然 72 倍频脉动幅值增加了 1.5 倍，但脉动幅值仍然较小，可见，定子齿开辅助槽可增加转矩脉动次数，降低低次脉动幅值，有利于降低电机振动和噪声。

　　（4）不等齿靴宽度设计。把定子相邻的两齿看作一对齿，通过改变两个齿靴宽度的比例，进行不等齿靴宽度设计，从而可以减小由齿槽效应引起的齿谐波及电磁力，降低电机转矩脉动。

　　（5）磁极不对称放置。使转子磁极偏移一定角度，每个磁极与定子作用产

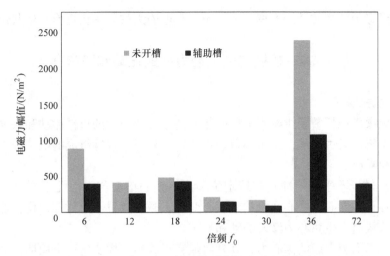

图 4-46　定子齿开辅助槽对电机电磁力的影响

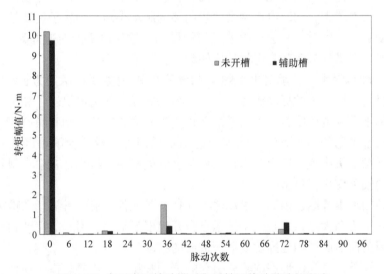

图 4-47　定子齿开辅助槽对电机转矩脉动谐波的影响

生的谐波相互削弱，达到减小电机振动和噪声的目的，但需要注意的是，该方法可能引入新的谐波电磁力，还应考虑新引进谐波电磁力的削弱。

（6）采用闭口槽设计。定子槽开口引起的气隙磁场变化是齿槽转矩及齿谐波产生的主要因素，因此采用闭口槽可有效削弱齿谐波及转矩脉动，但大量生产时绕组嵌线极其不便，一般定子需要采用分块结构，先嵌线再拼接成定子。

（7）提高电机刚度。刚度是指弹性体抵抗变形的能力，刚度越高，变形越小，振动越小。提高电机定子刚度最有效的方法是增加定子铁心轭部厚度，增强定子铁心抗变形能力，从而减小振动。提高定子固有频率也可以提高刚度，可以改变电机定子结构的谐振频率，从而避免与电磁力的频率相近而产生共振。

4.4　机械和空气动力源的振动和噪声

4.4.1　机械噪声

机械噪声包括转子机械不平衡引起的离心力所产生的机械振动和噪声、轴承振动和噪声，通过轴承传至由端盖、机座以及外风扇罩等组成的电机外壳上引起的振动和噪声。

（1）转子不平衡。冲片制造定位不准，铁心槽型与中心孔不同心，铁心外圆与中心孔不同心，中心孔松动或铁心变形，磁铁放置不对称等，均会造成转子不平衡，从而产生离心力激发振动和噪声。

转子不平衡引起的离心力，其方向随转子旋转一周变化一个周期，因此电机每旋转一周其振动情况变化一次，振动存在较大的工频成分，且振动幅值随电机转速的增大而增大，同时电机会发生较明显的脉动噪声。当转子旋转频率与转子固有振动频率一致时，将会产生很强烈的振动，这时电机的转速即为临界转速，因此，发生振动的频率就是电机的旋转频率。

（2）轴承噪声。轴承对电机振动和噪声的影响主要有两个方面。一方面，轴承本身是一个严重的振动源和噪声源，另一方面，作为电机转子和定子的连接构件，轴承受到电机中各种力的激励并传递激励力，产生振动和噪声。

电机常采用的轴承有滚动轴承和滑动轴承两种。滑动轴承噪声低、结构简单，在微型电机中使用广泛。而在其他类型的电机中，特别是在中小型异步电机中，滚动轴承使用得更多。

滚动轴承由外圈、内圈、滚动体、保持架等元件构成，其振动和噪声产生的原因可归结为两大类，一是由于轴承自身几何形态缺陷所引起的振动和噪声；二是轴承因负荷引起周期性弹性变形所造成的振动和噪声

由于轴承自身几何形态缺陷所引起的振动和噪声，主要是指由轴承加工后存在的波纹度以及由滚动体、沟道表面的损伤所引起的振动和噪声；此外还有因为轴承偏心和圆度引起的振动和噪声；密封圈或防尘盖与其他零件摩擦引起的振动和噪声；由轴承保持架引起的振动和噪声；由于固体粒子进入轴承滚道等因素引起的振动和噪声。

轴承因负荷引起周期性弹性变形引起的振动和噪声，是电机运行过程中对轴承施加了径向负荷或轴向负荷造成的，因而，即使在几何形状相当理想的轴承中也存在，这种周期性弹性变形又称为交变弹性变形，这在电机运行过程中是无法避免的。

由于固体粒子进入轴承滚道等引起的振动和噪声频率是随机的，因此轴承异

常所引起的一些振动和噪声频率特性如下：

1）轴承偏心或不圆度引起的振动和噪声频率为

$$f_p = k\frac{n}{60} \quad k = 1,2,3,\cdots \tag{4-53}$$

2）外环振动特征频率为

$$f_w = \frac{1}{2}N_b\frac{n}{60}\left(1 - \frac{d}{D}\cos\alpha\right) \tag{4-54}$$

3）内环振动特征频率为

$$f_n = \frac{1}{2}N_b\frac{n}{60}\left(1 + \frac{d}{D}\cos\alpha\right) \tag{4-55}$$

4）滚动体振动特征频率为

$$f_g = \frac{D}{2d}\frac{n}{60}\left[1 - \left(\frac{d}{D}\right)^2\cos^2\alpha\right] \tag{4-56}$$

5）保持架振动频率为

$$f_b = \frac{1}{2}\frac{n}{60}\left(1 + \frac{d}{D}\cos\alpha\right) \tag{4-57}$$

6）轴承刚度变化引起的振动和噪声为

$$f_z = k\frac{n}{60}N_b\frac{d_1}{d_1 + d_2} \quad k = 1,2,3,\cdots \tag{4-58}$$

式中　　D——轴承节圆直径；

　　　　d——滚动体直径；

　　　d_1——内接触表面的直径；

　　　d_2——外接触表面的直径；

　　　α——接触角（°）；

　　　N_b——滚动体数；

　　　n——转速（r/min）。

降低电机滚动轴承噪声的一些有效措施如下：

（1）对于配合不当引起的噪声，可通过选择合适的配合公差，提高轴承室和轴承档的加工精度来解决。

一般认为，当电机运转时，轴承的内外套圈在轴上和轴承室中不应发生有害的滑动，因为滑动会导致金属的接触摩擦，从而使得轴承寿命缩短。因此，为防止发生滑动，总是希望轴承与轴和轴承室之间的配合牢固，但不能选择过紧的配合，因为过紧的配合会使轴承的径向游隙变小甚至消失，这样不但影响轴承的正常使用，而且会使电机产生高频啸叫声，严重的还将使轴承的寿命缩短。配合过松而且选用轴承的径向游隙又偏大时，会使电机发出低频的嗡嗡声，而且使电机对振动特别敏感。

（2）如果结构空间允许，则采用波形弹簧片是降低电机轴承噪声的有效措施。

电机运行中往往发出一种频率约400Hz左右的嗡嗡声，这种由于不平衡力矩与轴向电磁力分量造成的轴向窜动声与轴承的使用有关。如果空间允许，则应在电机结构中采用波形弹簧对轴承外圈施加一个轴向预压力，从而减小这种嗡嗡声。

（3）采用正确的安装工艺是降低电机轴承振动和噪声的重要措施。

安装工艺对电机轴承振动和噪声的影响很大。正确的电机轴承安装工艺是降低电机轴承振动和噪声的重要措施。电机轴承的安装工艺包括安装前的清洗、加注润滑脂与装配。

对于滑动轴承，其振动和噪声通常是以固有频率和一些间断性的声音组成的宽频带噪声，产生的主要振动和噪声频率为转子旋转频率的倍数。

另外电机安装不良也会引起电机机械振动，当电机安装于基座上时，因基座松动、基座刚性不够或电机安装部位的刚性较低会发生振动，特别是电机作为一个刚体，因其基座或电机安装部位的弹性而发生低频振动，当上述振动状态的固有振动频率与电机电磁振动频率一致时，电机会因处于共振状态而发生强烈的振动。

4.4.2 空气动力噪声

电机的空气动力噪声包括通风噪声及电机的旋转部分与空气摩擦产生的噪声。空气动力噪声产生的根本原因是电机通风系统中气流压力的局部迅速变化和随时间的剧烈脉动以及气体与电机风路管道的摩擦。这种噪声通常直接从气流中辐射出来。电机的空气动力噪声主要由风扇形式、风扇和通风道及进、出口的结构设计决定。

（1）旋转噪声。风扇高速旋转时，空气质点受到风叶周期性力的作用，产生压力脉动，从而产生旋转噪声，其频率是叶片每秒打击空气质点的次数。

$$f_x = \frac{kZ_b n}{60} \tag{4-59}$$

式中，$k = 1，2，3 \cdots Z_b$ 为风扇叶片数，n 为风扇转速。

（2）涡流噪声。在电机转子旋转过程中，转子轴向通风槽的支承片、风叶或任何在转子表面上的凸出物都会影响气流。由于黏滞力的作用，又分裂成一系列分立的小涡流，这种涡流和涡流的分裂使空气扰动，形成压缩与稀疏过程，从而产生噪声。当风扇旋转时，涡流噪声的频率取决于叶片与气体的相对速度。旋转叶片的圆周速度随着圆心的距离而变化，风扇叶片从内圆到外圆其各处速度是连续变化的，因此，涡流噪声呈明显的宽频带连续谱。

（3）笛声。气流遇障碍物发生干扰时就会产生单一频率的笛声，常见的有定、转子风道之间的干扰，风扇叶片与机座散热筋的干扰等。

降低空气动力噪声有两种途径，一是从声源上控制，二是安装隔声罩或消声器，从噪声的传播方面来控制。后者费用较贵，安装体积较大，故应尽可能从声源上加以控制。主要有以下措施：

（1）合理设计风量。风量越大，噪声也就越大。对散热良好或温升不高的电机尽量取消风扇，减少噪声源。

（2）风扇的设计选型。外风扇，在设计时尽量不留通风裕量，优先采用轴流式风扇。轴流风扇能大幅度降低风摩耗，而且能明显地降低电机噪声。另外风扇叶片数太少会使气流在流道中出现脱流现象，太多又会造成相邻片之间的相对回流，造成气流与叶片面撞击从而增加噪声。

（3）风扇的合理造型与设计。外风扇应厚薄均匀、无扭曲变形、间距均匀，且应校动平衡。

（4）合理设计风路系统。电机进风口、扇叶、出风口、散热筋、端盖、机座这一整套风路元件都要精心设计，保证风路畅通，尽量减少障碍物。迎风的障碍物都应尽量做成流线型，避免急剧转向及截面突变。

第5章 永磁辅助同步磁阻电机的驱动控制

永磁辅助同步磁阻电机本质上是一种新型内置式永磁同步电机。相对于普通内置式永磁同步电机，永磁辅助同步磁阻电机具有凸极比大、去磁电流容易控制、弱磁范围广等特点。本章先从矢量控制的基础知识进行介绍。然后，将这些知识作为理论依据，对永磁辅助同步磁阻电机几种常见的电流控制策略进行较为翔实的阐述。针对永磁辅助同步磁阻电机弱磁范围广的特点，对弱磁控制的原理、方法、实现效果等进行详细介绍。介绍几种适用于永磁辅助同步磁阻电机的无传感器控制技术。最后，结合实际中永磁辅助同步磁阻电机运行过程参数变化较大的特点，对基于双闭环系统的永磁辅助同步磁阻电机控制参数自整定策略进行深入介绍。

5.1 矢量控制

矢量控制（Vector Control，VC）也称为磁场定向控制（Field – oriented Control，FOC），最早由 Hasse 博士在 1968 年提出，1971 年德国西门子公司的 Blaschke 等人以专利的方式系统化地发表了该理论，作为闭环控制中一种优异的控制方法，矢量控制成功应用于异步电机控制系统。矢量控制在 20 世纪 80 年代后期得到蓬勃发展，驱动性能能够与直流调速系统相当。在他励直流电机驱动中，由于励磁电流和电枢电流都为直流量，因此只需要控制励磁和电枢电流的幅值就可以对其磁通和转矩进行精确控制。在交流电机驱动领域，获取高动态性能的关键在于找到等效产生磁通和转矩的电流，并得到磁通和转矩电流独立控制的方法。

5.1.1 坐标变换

由于永磁辅助同步磁阻电机是一个多变量、强耦合和非线性的复杂系统，因此必须经过坐标变换将三相静止坐标系 abc 下的数学模型转换成两相旋转坐标系 dq 下的数学模型才能实现电流的解耦控制。永磁辅助同步磁阻电机的坐标系包括三相静止坐标系 abc、两相静止坐标系 $\alpha\beta$ 和两相旋转坐标系 dq，如图 5-1 所示。

常用的坐标变换有 4 种。

1. 三相静止坐标系 – 两相静止坐标系（Clarke 变换）

在三相静止坐标系下，定子电流 i_a、i_b、i_c 互差 $120°$，且满足 $i_a + i_b + i_c = 0$，

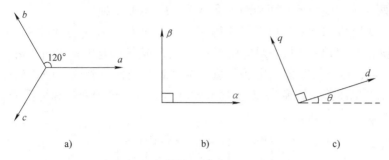

图 5-1　永磁辅助同步磁阻电机坐标系

a）三相静止坐标系 *abc*　b）两相静止坐标系 *αβ*　c）两相旋转坐标系 *dq*

根据三相磁动势和两相磁动势相等原理，可以将三相电流 i_a、i_b、i_c 投影到两相电流 $i_α$、$i_β$ 上，$α$ 轴与 a 轴重合，如图 5-2 所示。这种变换称为 Clarke 变换，变换矩阵如下：

$$\begin{bmatrix} i_α \\ i_β \end{bmatrix} = \sqrt{\frac{2}{3}} \begin{bmatrix} 1 & -\dfrac{1}{2} & -\dfrac{1}{2} \\ 0 & \dfrac{\sqrt{3}}{2} & -\dfrac{\sqrt{3}}{2} \end{bmatrix} \begin{bmatrix} i_a \\ i_b \\ i_c \end{bmatrix} \tag{5-1}$$

2. 两相静止坐标系 – 两相旋转坐标系（Park 变换）

在永磁辅助同步磁阻电机中，$αβ$ 坐标系相对定子是静止的，而转子相对定子以设置转速在旋转，$αβ$ 坐标系要转换成与转子同步旋转的 dq 坐标系。在定子中电流矢量为 i_s，i_s 可以投影到 $αβ$ 坐标系，分解成 $i_α$ 和 $i_β$，也可以投影到 dq 坐标系，分解成 i_d 和 i_q，i_d 相当于励磁电流分量，i_q 相当于转矩电流分量。d 轴与 $α$ 轴的夹角为 $θ$，如图 5-3 所示。这种变换称为 Park 变换，变换矩阵如下：

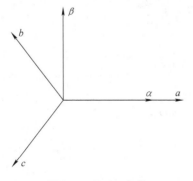

图 5-2　Clarke 变换

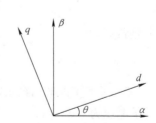

图 5-3　Park 变换

$$\begin{bmatrix} i_d \\ i_q \end{bmatrix} = \begin{bmatrix} \cosθ & \sinθ \\ -\sinθ & \cosθ \end{bmatrix} \begin{bmatrix} i_α \\ i_β \end{bmatrix} \tag{5-2}$$

3. 两相旋转坐标系 – 两相静止坐标系（反 Park 变换）

Park 变换和 Clarke 变换一般应用在三相电流 i_a、i_b、i_c 分解成 i_d、i_q，而反 Park 变换和反 Clarke 变换一般应用在 u_d、u_q 合成三相电压 u_a、u_b、u_c，从而准确计算出电机运行所需要的电压矢量。两相旋转坐标系到两相静止坐标系是将 dq 坐标系的电压矢量转换成 $\alpha\beta$ 坐标系的电压矢量，这种变换称为反 Park 变换，变换矩阵如下：

$$\begin{bmatrix} u_\alpha \\ u_\beta \end{bmatrix} = \begin{bmatrix} \cos\theta & -\sin\theta \\ \sin\theta & \cos\theta \end{bmatrix} \begin{bmatrix} u_d \\ u_q \end{bmatrix} \tag{5-3}$$

4. 两相静止坐标系 – 三相静止坐标系（反 Clarke 变换）

两相静止坐标系转换成三相静止坐标系是将 $\alpha\beta$ 坐标系的电压矢量转换成 abc 坐标系的电压矢量，再经过计算输出开关量给驱动模块生成相应的电压来驱动电机，这种变换称为反 Clarke 变换，变换矩阵如下：

$$\begin{bmatrix} u_a \\ u_b \\ u_c \end{bmatrix} = \sqrt{\frac{2}{3}} \begin{bmatrix} 1 & 0 \\ -\dfrac{1}{2} & \dfrac{\sqrt{3}}{2} \\ -\dfrac{1}{2} & -\dfrac{\sqrt{3}}{2} \end{bmatrix} \begin{bmatrix} u_\alpha \\ u_\beta \end{bmatrix} \tag{5-4}$$

5.1.2 数学模型

根据上面介绍的 3 种坐标系及坐标变换，可以得出永磁辅助同步磁阻电机在 3 种不同坐标系下的数学模型。

1. 三相静止坐标系 abc

定子电压为

$$u_s = R_s i_s + \frac{\mathrm{d}\psi_s}{\mathrm{d}t} \tag{5-5}$$

定子磁链为

$$\psi_s = L_s i_s + \psi_{PM} e^{j\theta} \tag{5-6}$$

电磁转矩为

$$T_e = \frac{3}{2} p \psi_s i_s \tag{5-7}$$

2. 两相静止坐标系 $\alpha\beta$

定子电压为

$$u_s = u_{s\alpha} + j u_{s\beta} \tag{5-8}$$

定子磁链为

$$\psi_s = \psi_{s\alpha} + j \psi_{s\beta} \tag{5-9}$$

电磁转矩为

$$T_e = p(\boldsymbol{\psi}_{s\alpha}\boldsymbol{i}_{s\beta} - \boldsymbol{\psi}_{s\beta}\boldsymbol{i}_{s\alpha}) \tag{5-10}$$

3. 两相旋转坐标系 dq

定子电压为

$$\begin{cases} \boldsymbol{u}_d = R_s\boldsymbol{i}_d + \dfrac{\mathrm{d}\boldsymbol{\psi}_d}{\mathrm{d}t} - \omega\boldsymbol{\psi}_q \\[3mm] \boldsymbol{u}_q = R_s\boldsymbol{i}_q + \dfrac{\mathrm{d}\boldsymbol{\psi}_q}{\mathrm{d}t} + \omega\boldsymbol{\psi}_d \end{cases} \tag{5-11}$$

定子磁链为

$$\begin{cases} \boldsymbol{\psi}_d = L_d\boldsymbol{i}_d + \boldsymbol{\psi}_{PM} \\ \boldsymbol{\psi}_q = L_q\boldsymbol{i}_q \end{cases} \tag{5-12}$$

电磁转矩为

$$T_e = p(\boldsymbol{\psi}_{PM}\boldsymbol{i}_q + (L_d - L_q)\boldsymbol{i}_d\boldsymbol{i}_q) \tag{5-13}$$

机械运动平衡方程为

$$T_e - T_1 = J\frac{\mathrm{d}\Omega}{\mathrm{d}t} + B\Omega \tag{5-14}$$

从两相旋转坐标系的电机数学模型可以看出，对永磁辅助同步磁阻电机电磁转矩的控制其实就是对交、直轴电流的控制，其中式（5-13）的电磁转矩由永磁转矩和磁阻转矩组成，永磁辅助同步磁阻电机中磁阻转矩占比大，永磁转矩占比小。

5.1.3　电压空间矢量调制技术

电压空间矢量调制（Space Vector Pulse Width Modulation，SVPWM）是现代电机控制比较常用的一种控制方法。SVPWM 是由三相功率逆变器 6 个开关管构成特定模式从而产生脉宽调制波的控制方法。SVPWM 的调制波相当于在正弦波的基础上叠加一个 3 次谐波，能够使输出电流接近理想正弦波，从而在定子上产生圆形磁场。SVPWM 技术与传统 SPWM 技术相比，定子电流谐波含量少，降低了电机的转矩脉动，而且定子磁场接近于圆形磁场，电压利用率相对于 SPWM 提高了大概 15%，高速性能优越。

SVPWM 是从电压等效的理论出发，在每个开关周期内通过相邻的基本电压矢量叠加得到所需的电压矢量，从而得到理想的圆形磁场，更好地控制电机。如图 5-4 所示，母线电压为 U_{dc}，6 路开关管分别为 V_1、V_2、V_3、V_4、V_5 和 V_6。输出给电机的电压为互差 120°的三相电压 $U_a(t)$、$U_b(t)$ 和 $U_c(t)$，设电压有效值为 U，频率为 f，则 $U_a(t)$、$U_b(t)$ 和 $U_c(t)$ 可以表示为

$$\begin{cases} \boldsymbol{U}_a(t) = \sqrt{2}U\cos\theta \\ \boldsymbol{U}_b(t) = \sqrt{2}U\cos(\theta - 2\pi/3) \\ \boldsymbol{U}_c(t) = \sqrt{2}U\cos(\theta + 2\pi/3) \end{cases} \tag{5-15}$$

式中，$\theta = 2\pi f t$，$U_a(t)$、$U_b(t)$ 和 $U_c(t)$ 3 个电压施加在电机 3 端就会形成以角速度 $2\pi f$ 旋转的电压空间矢量 $U(t)$，可以表示为

$$U(t) = U_a(t) + U_b(t)e^{j2\pi/3} + U_c(t)e^{j4\pi/3}$$

$$= \sqrt{2}U\cos\theta + \sqrt{2}U\cos(\theta - 2\pi/3)e^{j2\pi/3} + \sqrt{2}U\cos(\theta + 2\pi/3)e^{j4\pi/3}$$

$$= \frac{3}{2}\sqrt{2}Ue^{j\theta} \tag{5-16}$$

如图 5-4 所示，电机控制主电路图由 6 个开关管组成，开关管导通定义为 1，关闭定义为 0，V_1、V_3 和 V_5 导通时，U_a、U_b 和 U_c 的电平为 U_{dc}，V_2、V_4 和 V_6 导通时，U_a、U_b 和 U_c 的电平为 0，同一相上下桥臂不同时导通，也不同时关闭，那么电机的驱动状态一共可以分为 8 种，分别是 000、001、010、011、100、101、110 和 111。这 8 个驱动状态分别

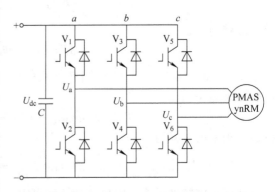

图 5-4　永磁辅助同步磁阻电机控制主电路图

对应 8 个不同的电压矢量，可定义为 U_1（100）、U_2（110）、U_3（010）、U_4（011）、U_5（001）、U_6（101）、U_7（000）和 U_8（111），其中 U_7 和 U_8 表示上桥臂全部导通或者下桥臂全部导通，为 0 矢量，不对电机产生任何作用。定义 3 个开关状态 S_a、S_b 和 S_c，S_a 为 1 时，V_1 导通，V_2 关闭；S_a 为 0 时，V_1 关闭，V_2 导通。同理 S_b 为 1 时，V_3 导通，V_4 关闭；S_b 为 0 时，V_3 关闭，V_4 导通；S_c 为 1 时，V_5 导通，V_6 关闭；S_c 为 0 时，V_5 关闭，V_6 导通。那么开关状态和线电压关系见表 5-1。

表 5-1　开关状态及相应线电压

矢量	S_a	S_b	S_c	U_{ab}	U_{bc}	U_{ca}
U_1	1	0	0	U_{dc}	0	$-U_{dc}$
U_2	1	1	0	0	U_{dc}	$-U_{dc}$
U_3	0	1	0	$-U_{dc}$	U_{dc}	0
U_4	0	1	1	$-U_{dc}$	0	U_{dc}
U_5	0	0	1	0	$-U_{dc}$	U_{dc}
U_6	1	0	1	U_{dc}	$-U_{dc}$	0
U_7	0	0	0	0	0	0
U_8	1	1	1	0	0	0

从以上分析可以得出，基本矢量的有效矢量长度为 $2/3U_{dc}$，而 SVPWM 的有效电压利用率由图 5-5 所示正 6 边形内切圆的半径决定，所以 SVPWM 的有效电压利用率约为 86.6%。理想电机控制要得到旋转的圆形磁场，而 6 路开关管组合的开关状态有限，不可能产生连续变化的圆形磁场，因此要通过在一个控制周期内两个相邻矢量不同作用时间而产生所需的等效电压矢量，从而产生连续变化的圆形磁场。现以任意电压矢量 U_{ref} 为例，说明 SVPWM 的电压矢量合成原理。如图 5-6 所示，U_{ref} 位于电压矢量 U_1（100）和电压矢量 U_2（110）之间，T_s 为 PWM 控制时间，T_1 为电压矢量 U_1（100）的作用时间，T_2 为电压矢量 U_2（110）的作用时间，T_0 为零矢量 U_7（000）和 U_8（111）的作用时间。从图 5-5 可以看出，理论上 U_{ref} 可以由电压矢量 U_1（100）和电压矢量 U_2（110）、电压矢量 U_1（100）和电压矢量 U_3（010）、电压矢量 U_2（110）和电压矢量 U_6（101）这 3 种电压矢量组合来合成，但是后两种组合在电压矢量切换瞬间有两个开关管状态变化，会增加开关管的开关损耗，所以电压矢量合成要选择相邻的电压矢量，以保证每次电压矢量切换只有一个开关管动作。

如图 5-6 所示，将 U_{ref} 投影到 U_1 和 U_2 上，在 U_1 上的投影是 $T_1/T_s U_1$，在 U_2 上的投影是 $T_2/T_s U_2$。根据电压等效原理，$U_{ref} T_s = T_1/T_s U_1 + T_2/T_s U_2$，$T_s = T_1 + T_2 + T_0$。

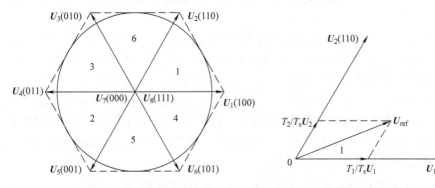

图 5-5　基本电压空间矢量图　　　　图 5-6　电压矢量合成示意图（基本矢量）

将 U_{ref} 投影到基本矢量上，再把基本矢量投影到 α、β 轴上，如图 5-7 所示，可以得出以下关系式：

$$\begin{cases} u_\beta = T_2/T_s U_2 \cos 60° \\ u_\alpha = T_1/T_s U_1 + T_2/T_s U_2 \tan 30° \end{cases} \tag{5-17}$$

根据式（5-17）可以得出开关管的开通时间 T_1、T_2 和 T_0。

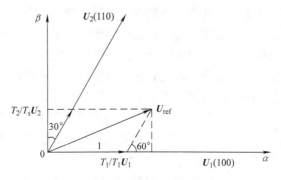

图 5-7　电压矢量合成示意图（α、β 轴）

$$T_1 = \frac{T_s}{U_{dc}}\left(\frac{3}{2}u_\alpha - \frac{\sqrt{3}}{2}u_\beta\right)$$

$$T_2 = \frac{\sqrt{3}T_s}{U_{dc}}u_\beta \qquad\qquad (5\text{-}18)$$

$$T_0 = T_s - T_1 - T_2$$

5.2　永磁辅助同步磁阻电机电流控制策略

矢量控制为永磁辅助同步磁阻电机解耦控制提供了解决方法，要获得高性能的永磁辅助同步磁阻电机控制系统，关键在于 d、q 轴电流的解耦控制。根据表 5-2 所示，永磁辅助同步磁阻电机在结构上异于一般永磁同步电机，在控制方式上也存在有差异，不适合采用 $i_d = 0$ 的控制方法，结合永磁辅助同步磁阻电机实际应用场合分析，常用的电流控制方法主要有①单位功率因数控制；②MTPA 控制；③最大效率控制；④弱磁控制。其中弱磁控制作为永磁辅助同步磁阻电机控制系统的关键技术将在第 5.3 节进行详细介绍，这里不再赘述。

表 5-2　永磁辅助同步磁阻电机与稀土永磁同步电机特点对比

电机类型	稀土永磁同步电机	永磁辅助同步磁阻电机
转矩构成	永磁转矩为主 磁阻转矩为辅	磁阻转矩为主 永磁转矩为辅
电感波动	电感随电流变化小 随转子位置变化小	电感随电流变化大 随转子位置变化大
转速范围	弱磁能力一般	弱磁扩速能力较好
控制方式	一般采用 $i_d = 0$ 控制	采用 MTPA 控制 最大效率控制

5.2.1　单位功率因数控制

单位功率因数控制使控制器只输出有功功率，不输出无功功率。在永磁辅助同步磁阻电机控制器存在功率等级限制的情况下，采用单位功率因数控制可以最大限度地利用控制器容量，如图 5-8 所示，有功功率 P 和无功功率 Q 可以表示为

$$\begin{cases} P = i_s u_s \cos\varphi \\ Q = i_s u_s \sin\varphi \end{cases} \tag{5-19}$$

单位功率因数控制使得电机电压矢量和电流矢量相位为零，即功率因数角为零，内功率因数角等于功角。

式（5-13）电磁转矩表达式可以表示为

$$T_e = p(\psi_{PM} i_s \cos\delta + \frac{1}{2}(L_d - L_q) i_s \sin2\delta) \tag{5-20}$$

磁链和电流可以表示为

$$\begin{cases} \psi_d = L_d i_d + \psi_{PM} \\ \psi_q = L_q i_q \end{cases} \tag{5-21}$$

$$\begin{cases} i_d = -i_s \sin\delta \\ i_q = i_s \cos\delta \end{cases} \tag{5-22}$$

又因为 $\tan\Delta = \psi_q / \psi_d$，结合以上式子可以得出单位功率因数控制的功角表达式如下：

$$\delta = \arcsin \frac{-\psi_{PM} + \sqrt{\psi_{PM}^2 + 4(L_q - L_d) L_q i_s^2}}{2(L_q - L_d) i_s} \tag{5-23}$$

如图 2-2 所示，定子电压矢量 u_s 超前定子磁链矢量 ψ_s 90°。只要控制电流矢量与电压矢量同相就可以保证只输出有功功率，实现单位功率因数控制。

5.2.2　MTPA 控制

MTPA（Maximum Torque Per Ampere）控制即最大电磁转矩/电流控制，是在电机输出转矩不变的情况下，合理分配交、直轴电流以达到单位电枢电流所产生的输出电磁转矩最大的一种控制策略。MTPA 控制的意义在于提高单位电流输出转矩的能力，既可以提升系统的动态响应，也可以提高系统整体效率，所以普遍应用于电机控制中。

如图 5-8 所示，有式（5-24）。

$$i_d = i_s \cos\beta$$
$$i_q = i_s \sin\beta \tag{5-24}$$

根据式（5-13），输出转矩可以写为

$$T_e = p(\psi_{PM} i_s \sin\beta + \frac{1}{2}(L_d - L_q) i_s^2 \sin2\beta) \tag{5-25}$$

式中

$$i_s = \sqrt{i_d^2 + i_q^2}, \beta = \arctan(i_q/i_d) \qquad (5\text{-}26)$$

MTPA 电流转矩特性如图 5-9 所示。

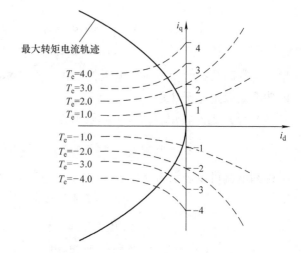

图 5-8　d、q 轴电流示意图　　　　图 5-9　MTPA 电流转矩特性图

如图 5-9 所示，MTPA 控制下的 i_s 就是恒转矩曲线上离原点最近的点，把所有转矩下离原点最近的点连起来就是最大转矩电流轨迹，MTPA 曲线关于 d 轴对称，并且在原点与 q 轴相切。要想实现 MTPA 控制，必须满足以下条件：

$$\frac{\mathrm{d}T_e}{\mathrm{d}\beta} = 0$$

$$\frac{\mathrm{d}^2 T_e}{\mathrm{d}^2\beta} < 0 \qquad (5\text{-}27)$$

由式（5-25）可以求出

$$\beta = \arcsin\left(\frac{-\boldsymbol{\psi}_{PM} + \sqrt{\boldsymbol{\psi}_{PM}^2 + 8(L_d - L_q)^2 i_s^2}}{4(L_d - L_q)i_s} \right) + \frac{\pi}{2} \qquad (5\text{-}28)$$

对于表贴式永磁同步电机来说，不存在磁阻转矩，也就是 $L_d - L_q = 0$，所以 MTPA 控制时 $\beta = 90°$，与 $i_d = 0$ 控制是一个效果。而永磁辅助同步磁阻电机 MTPA 控制时 $\beta > 90°$，控制原理如图 5-10 所示。

MTPA 控制的核心是转矩角 β 的计算，从式（5-23）可知，转矩角 β 与电感 L_d、L_q、$\boldsymbol{\psi}_{PM}$ 有关，电机运行过程中由于磁路饱和作用，电感和磁链会不断变化，参数误差大会使系统性能变差。为了提高整机系统的性能，必须准确计算电机参数，电机参数在线辨识成为研究热点。目前有自适应控制、卡尔曼滤波器、遗传迭代等高等算法，由于算法的复杂性，也有部分学者采用离线计算 MTPA 角和在线扫描的方法。

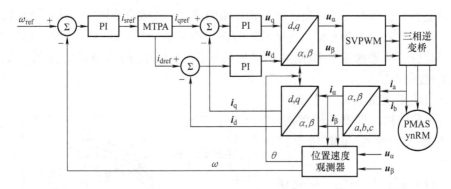

图 5-10　MTPA 控制原理框图

5.2.3　最大效率控制

MTPA 控制策略使单位转矩需要的电流达到最小，从而使得系统的铜损最低，但系统效率并非最优，因为 MTPA 控制策略没有考虑电机铁损的影响。在实际应用中，特别是空调系统及家用电器中，关心的是系统的最终效率，最大效率控制技术可以使电机系统在整个运行范围内，在每一个工作点的电机系统效率都能达到最大效率。最大效率控制策略还可以提高系统的效率、热稳定性和可靠性。图 5-11 所示为永磁辅助同步磁阻电机在 MTPA 控制策略和最大效率控制策略下电机效率对比图，低速时电机效率相当，高速时最大效率控制策略的电机效率比 MTPA 控制策略高 1%。

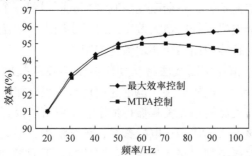

图 5-11　不同控制方式下电机效率对比

如果在每个固定转矩上找到最小的功率输入，使得系统的功率损耗最小，就能得到系统的最大效率控制点，虽然概念比较简单，但是系统的铜损和铁损难以通过简单的算法计算。如图 5-12 所示，系统的 MTPA 角在 120°左右，这时产生单位转矩所需的电流最小，也就是铜损最小，但是从图上可以看出，这时系统的铁损并非最少。假设系统电流为 10A 时采用 MTPA 控制，MTPA 角为 120°，铜损达到最低；系统运行在 11A 时也能产生一样的转矩，但是没有运行在 MTPA 角，铜损增大。从图上可以看出，随着转矩角的增大，直轴电流增大，从而使直轴磁链下降，导致共磁链下降。由于系统的铁损与共磁链成正比，因此转矩角增大，铁损减少，如果减少的铁损大于增加的铜损，则系统的效率最大点就不是在MTPA控制点。

目前实现最大效率控制主要有3种方法，即损耗模型法、最小输入功率法和恒功率因数法。

（1）损耗模型法。损耗模型法通过建立电机系统损耗的数学模型，得到一个损耗函数，通过数学方式求得此损耗函数最小值的条件，根据这样的条件实现电机系统效率的最大化。此方法计算量大，严重依赖损耗模型和电机参数的准确性，难以满足复杂多变的工作情况。

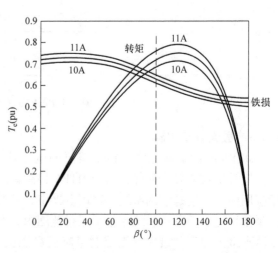

图 5-12　转矩及铁损与转矩角的特性曲线

（2）最小输入功率法。最小输入功率法也称为搜索法，即使电机系统的输出保持恒定值不变，也就是保持电机系统的输出转矩和转速不变，不断改变控制量，从而得到一个系统的最小输入功率点，这个就是整个电机系统的最大效率点。最小输入功率法鲁棒性强，不依赖于电机参数，便于与智能控制结合实现最优控制。

（3）恒功率因数法。恒功率因数法将功率因数法与控制技术相结合，将电机的功率因数作为控制变量，电机以某一恒定速度运行，当电机工作在损耗最小值时，电机的功率因数与负载转矩无关且保持恒定。所以可以反过来控制功率因数从而达到最优控制。该方法不依赖于电机参数，计算量少，但动态性能偏差。

实际应用中多采用损耗模型法来实现最大效率控制，下面详细介绍损耗模型法具体实现方式。

永磁辅助同步磁阻电机系统损耗主要包括电机本体损耗和控制器损耗。电机本体损耗主要由机械损耗（通风损耗、摩擦损耗）和电气损耗（铜损、铁损）组成。而对整个系统效率影响最大的就是铜损和铁损。

永磁辅助同步磁阻电机铜损与定子电阻和定子电流有关，可以表示为

$$P_{\mathrm{Cu}} = R_s i_s^2 \tag{5-29}$$

永磁辅助同步磁阻电机铁损包括磁滞损耗和涡流损耗两部分。磁滞损耗是指当铁磁材料置于磁场中时，材料被反复交变磁化，与此同时，磁畴之间不停地摩

擦、消耗能量所造成的损耗，其大小与磁场交变的频率 f、铁心的体积和磁滞回线的面积成正比。而电机工作时，铁心中将产生感应电动势，并引起环流，这些环流在铁心内部围绕磁通做旋涡状流动，称为涡流，而涡流在铁心中引起的损耗叫做涡流损耗。铁损的近似表达式为

$$P_{\text{Fe}} = C_{\text{Fe}} f^{1.3} B_{\text{m}}^2 G \tag{5-30}$$

式中　　C_{Fe}——铁心的损耗系数；

　　　　B_{m}——系统密度（T）；

　　　　G——铁心质量（kg）。

永磁辅助同步磁阻电机稳态时的损耗主要包括铜损、铁损、机械损耗和杂散损耗。其中铜损主要与定子电流有关；铁损与电机材料、形状、大小、工作温度和负载有关；机械损耗与转速有关。

建立永磁辅助同步磁阻电机铜损和铁损的数学模型，如图 5-13 所示。

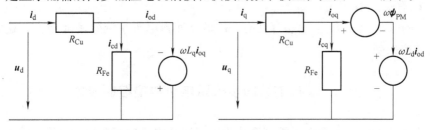

图 5-13　永磁辅助同步磁阻电机铜损和铁损模型
a）直轴损耗模型　b）交轴损耗模型

根据以上模型，可以建立如下关系式：

$$\begin{bmatrix} u_{\text{d}} \\ u_{\text{q}} \end{bmatrix} = \begin{bmatrix} i_{\text{d}} \\ i_{\text{q}} \end{bmatrix} R_{\text{Cu}} + \begin{bmatrix} u_{\text{od}} \\ u_{\text{oq}} \end{bmatrix} = \begin{bmatrix} i_{\text{od}} \\ i_{\text{oq}} \end{bmatrix} R_{\text{Cu}} + \left(1 + \frac{R_{\text{Cu}}}{R_{\text{Fe}}} \right) \begin{bmatrix} u_{\text{od}} \\ u_{\text{oq}} \end{bmatrix} \tag{5-31}$$

$$\begin{bmatrix} u_{\text{od}} \\ u_{\text{oq}} \end{bmatrix} = \begin{bmatrix} 0 & -\omega L_{\text{q}} \\ \omega L_{\text{d}} & 0 \end{bmatrix} \begin{bmatrix} i_{\text{od}} \\ i_{\text{oq}} \end{bmatrix} + \begin{bmatrix} 0 \\ \omega \psi_{\text{PM}} \end{bmatrix} \tag{5-32}$$

$$\begin{cases} i_{\text{od}} = i_{\text{d}} - i_{\text{cd}} \\[4pt] i_{\text{oq}} = i_{\text{q}} - i_{\text{cq}} \\[4pt] i_{\text{cd}} = -\dfrac{\omega L_{\text{q}} i_{\text{oq}}}{R_{\text{Fe}}} \\[8pt] i_{\text{cq}} = \dfrac{\omega (\psi_{\text{PM}} + L_{\text{d}} i_{\text{od}})}{R_{\text{Fe}}} \end{cases} \tag{5-33}$$

式中　　u_{od}、u_{oq}——铜损电压直交轴分量；

　　　　i_{od}、i_{oq}——铜损电流直交轴分量；

　　　　i_{cd}、i_{cq}——铁损电流直交轴分量。

根据上述模型，电机系统的电气损耗可以表示为

$$P_e = P_{Cu} + P_{Fe}$$
$$= \frac{(\omega L_q i_{oq})^2}{R_{Fe}} + \left((\psi_{PM} + L_d i_d) \frac{\omega}{R_{Fe}} + \left(1 + \frac{\omega^2 L_d L_q}{R_{Fe}^2} \right) i_{oq} \right) R_{Cu}$$
$$+ i_d^2 R_{Cu} + \frac{\omega^2}{R_{Fe}} \left(\psi_{PM} + L_d i_d + \frac{\omega L_d L_q i_{oq}}{R_{Fe}^2} \right) i_d \qquad (5\text{-}34)$$

从电机系统损耗中的电气损耗 P_e 和机械损耗 P_m 可以分析得到电机系统效率。

$$\eta = \frac{P_{out}}{P_{out} + P_e + P_m} \qquad (5\text{-}35)$$

从以上分析可以看出电机系统效率 η 与电机转速 ω、直轴电流 i_d、铜耗交轴电流 i_{oq} 有关。

$\eta = f(\omega, i_d, i_{oq})$ 总会存在有一组数据使得电机系统效率 η 最大，这就是最大效率控制。

5.3　永磁辅助同步磁阻电机弱磁控制技术

永磁辅助同步磁阻电机控制系统受逆变器结构、功率器件和直流侧输出电压的影响，电机定子的有效电压和有效电流会存在极限值。为了获得更宽的调速范围，在基速（电机输入达到最大且运行在额定转矩时对应的电机转速）以上实现恒功率控制，就需要对其实现弱磁控制。在基速以下，电机磁链保持不变，感应电动势与速度成正比；在基速以上，实现弱磁控制，电机磁链减少，感应电动势保持不变。不同于他励直流电机，永磁辅助同步磁阻电机不能通过调节励磁电流来调节磁场，只能通过调节直轴电流来减弱永磁体产生的磁场。随着转速的升高，起减弱磁场作用的电机直轴电流不断加大，使电机的感应电动势保持稳定，电压平衡关系得以保持。

5.3.1　电压极限圆和电流极限圆

1. 最大转速

最大转速是当电机空载，定子电流全部用于削弱磁场，也就是 $i_q = 0$ 时，电机能获得的转速，由式（5-11）可知旋转坐标系下 d、q 轴电压可以表示为

$$\begin{cases} u_d = R_s i_d + \dfrac{d\psi_d}{dt} - \omega \psi_q \\[2mm] u_q = R_s i_q + \dfrac{d\psi_q}{dt} + \omega \psi_d \end{cases} \qquad (5\text{-}36)$$

稳态时电流和磁链的变化为零，从而进一步得到电机的稳态 d、q 轴电压方程为

$$\begin{cases} \boldsymbol{u}_d = R_s \boldsymbol{i}_d - \omega L_q \boldsymbol{i}_q \\ \boldsymbol{u}_q = R_s \boldsymbol{i}_q + \omega (L_d \boldsymbol{i}_d + \boldsymbol{\psi}_{PM}) \end{cases} \tag{5-37}$$

当电机弱磁后达到最大转速时，定子电压可以表示为

$$\boldsymbol{u}_s^2 = \boldsymbol{u}_d^2 + \boldsymbol{u}_q^2 = R_s^2 \boldsymbol{i}_d^2 + \omega^2 (L_d \boldsymbol{i}_d + \boldsymbol{\psi}_{PM})^2 \tag{5-38}$$

由式（5-38）可以推出电机的最大转速为

$$\omega_{max} = \frac{\sqrt{\boldsymbol{u}_s^2 - R_s^2 \boldsymbol{i}_d^2}}{L_d \boldsymbol{i}_d + \boldsymbol{\psi}_{PM}} \tag{5-39}$$

2. 电压极限圆

在永磁辅助同步磁阻电机高速运行过程中，由于直流侧输出电压的影响，电机电压会有一个极限值 u_{smax}，忽略定子压降，可以得到以下表达式：

$$\boldsymbol{u}_s = \sqrt{\boldsymbol{u}_d^2 + \boldsymbol{u}_q^2} = \sqrt{\omega^2 L_q^2 \boldsymbol{i}_q^2 + \omega^2 (L_d \boldsymbol{i}_d + \boldsymbol{\psi}_{PM})^2} \leqslant u_{smax} \tag{5-40}$$

进一步化简可以得到

$$L_q^2 \boldsymbol{i}_q^2 + (L_d \boldsymbol{i}_d + \boldsymbol{\psi}_{PM})^2 \leqslant \left(\frac{u_{smax}}{\omega}\right)^2 \tag{5-41}$$

由于永磁辅助同步磁阻电机存在凸极比，L_d 不等于 L_q，因此永磁辅助同步磁阻电机的电压极限方程是以（$-\boldsymbol{\psi}_{PM}/L_d$，0）为中心的椭圆，此椭圆就是电压极限圆，如图 5-14 所示，随着电机转速的上升，电压极限圆的半径逐步减少，形成一系列的电压极限圆，在电机运行时，定子电流矢量只能位于电压极限圆内部或者边界上。

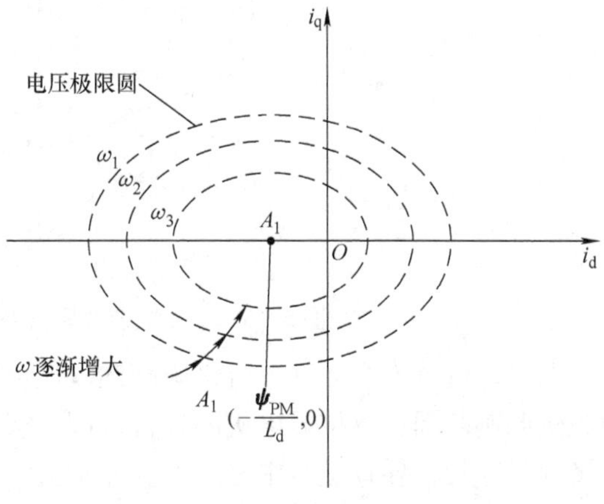

图 5-14　电压极限圆

3. 电流极限圆

受逆变器的结构和功率器件的影响，定子电流也会有一个极限值 i_{smax}，电流矢量可以表示为

$$\boldsymbol{i}_s = \sqrt{\boldsymbol{i}_d^2 + \boldsymbol{i}_q^2} \leqslant i_{smax} \tag{5-42}$$

由式（5-42）可以看出，永磁辅助同步磁阻电机的电流极限方程是以（0，0）为中心的圆，此圆就是电流极限圆。如图 5-15 所示，在电机运行时，定子电流矢量只能位于电流极限圆内部或者边界上，OA_2 是电机 MTPA 运行

轨迹。

由于存在电压极限圆和电流极限圆，因此电机运行时要同时满足电压极限圆和电流极限圆，也就是电机定子电流矢量必须位于电压极限圆和电流极限圆的交叉部分，以电机运行频率为 ω_2 为例，如图5-16所示，电机定子电流矢量 i_s 必须位于 *abcdefa* 组成的曲面内部或者边界上，如果电机负载 T_1 为 $1.0\text{N}\cdot\text{m}$，采用 MTPA 控制，电机就运行在 A_3 点上。

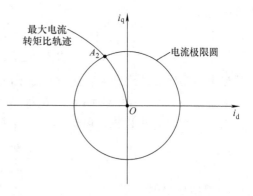

图 5-15　电流极限圆

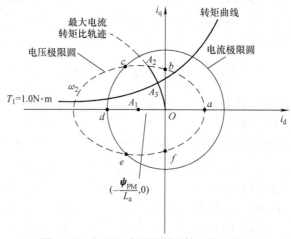

图 5-16　电压电流极限圆及转矩特性曲线

电机运行范围会受到电流极限圆和电压极限圆的限制，最大限度地扩展电机的弱磁调速范围可以扩展电机的运行范围。但永磁同步电机磁路中永磁体的磁导率接近于空气，导致磁路中有效气隙非常大，实现弱磁非常困难，难以运行在更高速度下。通过电机本体的结构改造可以扩展电机的弱磁调速范围，如变磁路磁阻、变磁路磁源、增大凸极率、复合转子、混合励磁、增大漏抗等。永磁辅助同步磁阻电机在弱磁扩速上比永磁同步电机简单，从控制软件方面，可以通过改变弱磁策略来扩展电机的弱磁调速范围，下面主要介绍如何通过改变弱磁策略来扩展电机的弱磁调速范围。

当电机运行在高转速时，为了获得更快的速度，必须降低转矩来满足电压和电流的限制，实现恒功率控制。通常变频器都具有高电流过载能力，所以当电机运行在高转速时，电机主要受电压极限圆限制，通过改变电机控制方式可以提高弱磁深度，从而扩展电机的运行范围，主要控制方式有最大功率控制和最大电压转矩比控制。

5.3.2 弱磁控制原理

当电机运行在某一转速 ω_2 时，电压平衡方程为

$$u_s = \omega_2 \sqrt{L_q^2 i_q^2 + (L_d i_d + \psi_{PM})^2} = \omega_2 \psi_s \qquad (5\text{-}43)$$

如图 5-17 所示，当电机运行在额定转矩 T_e 时，转速不断上升，电机功率也不断增加，定子电压 u_s 也不断上升，当电机速度达到 ω_0 时，定子电压达到最大值 u_{smax}，电机运行在 A_2 点上，根据式（5-43），这时要继续提高电机速度的话，必须减少 ψ_s，因此只能通过改变定子交、直轴电流 i_d、i_q 来达到弱磁调速的目的。当电机转速低于 ω_0 时，电机运行在恒转矩范围，当电机转

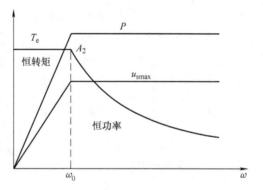

图 5-17 弱磁控制曲线

速高于 ω_0 时，电机运行在恒功率范围。如图 5-18 所示，电机转速低于 ω_0，电机通过 MTPA 控制运行在 OA_2 段，当达到 A_2（位于电流限制圆边界上）点时，同时速度为 ω_0 的电压极限圆与电流极限圆相交于 A_2 点，并且与转矩 T_e 曲线相切于 A_2 点，电流调节器达到饱和状态，定子电压 u_s 和功率 P 都达到最大值。此时如果要电机的速度再往上增加，则只能增加转矩角 β 来减少 i_q，增加 i_d 来减弱永磁体产生的磁场，电机运行轨迹会从 A_2 向 A_3 移动，达到 A_3 点后，与最大功率运行

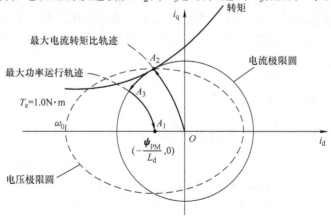

图 5-18 弱磁过程 i_d、i_q 变化（$i_d > -\psi_{PM}/L_d$）

轨迹重合，再增加速度，电机运行轨迹会从 A_3 向 A_1 移动，当转矩角 β 增加到 180° 时，电机运行状态达到 A_1 点，A_1 是理想的电机最高速度点，这时直轴电流 $i_d = -\psi_{PM}/L_d$。当 $-\psi_{PM}/L_d$ 位于电流极限圆外时，电机的弱磁轨迹如图 5-19 所示，电机从 O 点运行到 A_2 点，再从 A_2 运行到 A_3，电流极限圆与电压极限圆相切于 A_3 点，电压极限圆对应的速度 ω_1 就是电机弱磁能达到的最大速度。

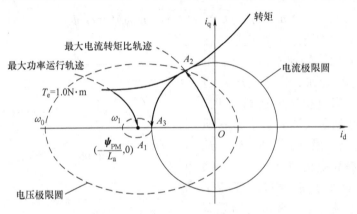

图 5-19　弱磁过程 i_d、i_q 变化（$i_d < -\psi_{PM}/L_d$）

永磁辅助同步磁阻电机通过增加直轴电流 i_d 来达到弱磁的目的，但是直轴电流 i_d 不能无穷地加大，同时要考虑电机的去磁电流，所以要对直轴电流 i_d 进行限制，不能超过电机的去磁电流。

5.3.3　弱磁控制方法

1. 直接电流弱磁

永磁辅助同步磁阻电机的弱磁控制，实际上是对交、直轴电流的控制。直接电流弱磁是一种直接改变交、直轴电流来达到弱磁效果的控制方法。

电机在基速以下采用 MTPA 控制，到达 A_2 点后，随着转速的继续增加，运行点向 A_3 移动，此时需要的弱磁交、直轴电流相当于最大输出功率控制时的电流，分别是

$$i_d = -\frac{\psi_{PM}}{L_d} + \Delta i_d$$

$$i_q = \frac{\sqrt{(u_{smax}/\omega)^2 - (L_d/\Delta i_d)^2}}{L_q}$$

$$\Delta i_d = \frac{\dfrac{L_q}{L_d}\psi_{PM} - \sqrt{\left(\dfrac{L_q}{L_d}\psi_{PM}\right)^2 + 8\left(\dfrac{L_q}{L_d} - 1\right)^2 (u_{smax}/\omega)^2}}{4\left(\dfrac{L_q}{L_d} - 1\right)L_d}$$

(5-44)

只要根据定子电压来判断电机是否进入弱磁状态，再根据式（5-44）保持电机的最大功率输出，就可以计算出弱磁时所需要的定子电流。

2. 转矩角弱磁控制

直接电流弱磁是直接改变 d、q 轴电流来实现弱磁效果的，从电机 d、q 轴模型可以看出，还可以通过增大转矩角 β 来实现同样的弱磁效果。

电机在基速以下以速度 ω 运行时，根据式（5-41）可以得出，对应的电压极限圆的半径为

$$\left(\frac{u_{smax}}{\omega L_q}, \left(\frac{u_{smax}}{\omega} - \boldsymbol{\psi}_{PM} \right) \big/ L_d \right)$$

式中

$$\frac{u_{smax}}{\omega L_q} < \left(\frac{u_{smax}}{\omega} - \boldsymbol{\psi}_{PM} \right) \big/ L_d$$

当满足

$$\frac{u_{smax}}{\omega L_q} < \frac{u_{smax}}{\omega_0 L_q}$$

时，电机沿着图 5-17 或图 5-18 所示的 OA_2 曲线运行，电机工作在恒转矩模式，当达到电流极限圆与电压极限圆的交点 A_2 时，速度达到 ω_0，可以计算出此时速度 ω_0 的值。

$$\omega_0 = \frac{|u_{smax}|}{\sqrt{(\boldsymbol{\psi}_{PM} + L_d \boldsymbol{i}_s \cos\beta)^2 + (L_q \boldsymbol{i}_s \sin\beta)^2}} \tag{5-45}$$

如图 5-18 所示，电机 MTPA 控制模式运行到 A_2 时，转矩角为 β，如果要求电机速度继续上升，也就是 $\omega > \omega_0$，则电机不能运行在 MTPA 模式，转矩角要增加到 β'，此时的 d、q 轴电流可以表示为

$$\begin{cases} \boldsymbol{i}_d = \boldsymbol{i}_s \cos\beta' \\ \boldsymbol{i}_q = \sqrt{\boldsymbol{i}_{smax}^2 - \boldsymbol{i}_d^2} \end{cases} \tag{5-46}$$

从式（5-46）可以得出 $\boldsymbol{i}_d$ 负向增大，$\boldsymbol{i}_q$ 减少，实现了弱磁效果，电机沿着 A_2A_3 曲线运行。

当电机反转时，式（5-46）可以表示为

$$\begin{cases} \boldsymbol{i}_d = \boldsymbol{i}_s \cos\beta' \\ \boldsymbol{i}_q = -\sqrt{\boldsymbol{i}_{smax}^2 - \boldsymbol{i}_d^2} \end{cases} \tag{5-47}$$

3. 单电流调节器弱磁控制

上面分析了直接电流弱磁控制和转矩角弱磁控制，这两种弱磁方法都是同时控制交、直轴电流，并且具有两个电流调节器，但是随着电机转速的不断上升，电机 d、q 轴耦合加强，导致电机的电流、转速和转矩无法快速跟踪给定值，从

而影响电机的动态性能。实际上当电机运行在弱磁区间时，存在电压和电流的限制，只要 d、q 轴其中一个变量确定，另外一个就可以确定了，所以可以只对其中一个电流进行控制。美国俄亥俄州立大学的徐隆亚教授和 Song Chi 博士提出了单电流调节器（Single Current Regulator）弱磁控制，只保留了直轴电流调节器，电机控制系统如图 5-20 所示。

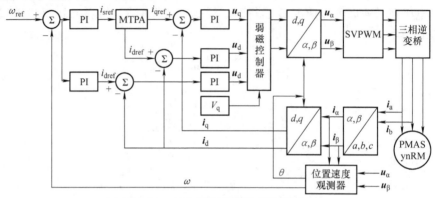

图 5-20　单电流调节器弱磁控制框图

单电流调节器弱磁控制只调节直轴电流 i_d，相当于调节电机的 u_d，而给定 u_q，从而可以根据 i_d、u_d 和 u_q 求出 i_q

$$i_q = -\frac{\omega L_d}{R_s}i_d + \frac{u_d - \omega \psi_{PM}}{R_s} \qquad (5\text{-}48)$$

通过直轴电流环的作用调节 i_d，根据式（5-48），i_q 也得到了相应的变化，从而电机输出转矩也得到了调节，由于上述单电流调节器弱磁控制是直接给定 u_q 的，因此也称为定交轴电压单电流调节器弱磁控制。

4. 6 步电压法（SSV）弱磁控制

前面介绍的 3 种弱磁方法都是基于矢量控制理论，在维持电压利用率不变（电压利用率大概为 84.6%）的情况下提高电机的转速，6 步电压法弱磁控制不同于其他的弱磁控制，如图 5-4 所示，6 步电压法的电压利用率可以提升到 95.6%，6 步电压法控制策略是把全部母线电压加到电机上。这种弱磁控制方式相当于方波控制，缺点是系统中有较高的 5 次和 7 次谐波电压，进而在定子中产生相应的谐波电流。这些谐波电流在转子磁场的相互作用下产生 6 倍基频的转矩脉动，幅值可达到额定转矩的 20% ~ 25%，但当电机在高速弱磁的情况下时，这些转矩脉动对速度影响不大，所以 6 步电压法可以在电机弱磁策略中广泛使用。

6 步电压法控制逻辑如图 5-21 所示。

采用 6 步电压法弱磁控制，可以为电机提供更大的最大转矩和转速范围。

5. 最大电压转矩比（MTPV）控制

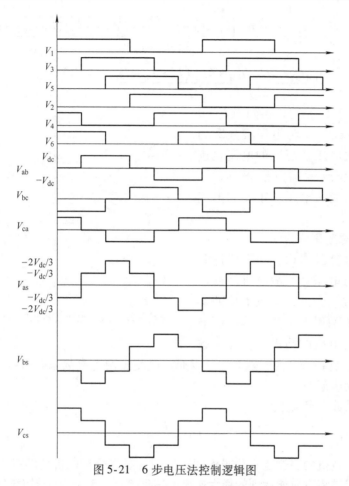

图 5-21　6 步电压法控制逻辑图

MTPV 控制是指在输出同样转矩的条件下，电机所能达到最大转速时的最小定子电压的控制。MTPV 控制与 MTPA 控制相似，MTPA 是电流极限圆和转矩双曲线切点的轨迹，而 MTPV 轨迹则是电压极限椭圆和转矩双曲线切点的轨迹，即产生不同转矩值所需的最小电压点的连线，其方程可以表示为

$$\frac{\partial T_{e}}{\partial i_{d}} \cdot \frac{\partial \boldsymbol{u}_{s}}{\partial i_{q}} - \frac{\partial T_{e}}{\partial i_{q}} \cdot \frac{\partial \boldsymbol{u}_{s}}{\partial i_{d}} = 0 \tag{5-49}$$

根据电压极限圆可以得到

$$\boldsymbol{u}_{s}^{2} = \boldsymbol{u}_{d}^{2} + \boldsymbol{u}_{q}^{2} = \omega^{2} L_{q}^{2} \boldsymbol{i}_{q}^{2} + \omega^{2} (L_{d} \boldsymbol{i}_{d} + \boldsymbol{\psi}_{PM})^{2} \tag{5-50}$$

$$T_{e} = p(\boldsymbol{\psi}_{PM} \boldsymbol{i}_{q} + (L_{d} - L_{q}) \boldsymbol{i}_{d} \boldsymbol{i}_{q}) \tag{5-51}$$

把式（5-50）和式（5-51）代入式（5-49）得到

$$(L_{d} - L_{q})(L_{q} \boldsymbol{i}_{q})^{2} - L_{d}(L_{d} \boldsymbol{i}_{d} + \boldsymbol{\psi}_{PM})(\boldsymbol{\psi}_{PM} + (L_{d} - L_{q}) \boldsymbol{i}_{d}) = 0 \tag{5-52}$$

用 $\boldsymbol{i}_{q}$ 表示 $\boldsymbol{i}_{d}$ 的函数，就可以得到 MTPV 的轨迹方程

$$i_{\mathrm{d}} = \frac{-\boldsymbol{\psi}_{\mathrm{PM}}L_{\mathrm{d}}(2L_{\mathrm{d}}-L_{\mathrm{q}}) + \sqrt{(\boldsymbol{\psi}_{\mathrm{PM}}L_{\mathrm{d}}(2L_{\mathrm{d}}-L_{\mathrm{q}}))^2 - 4L_{\mathrm{d}}^2(L_{\mathrm{d}}-L_{\mathrm{q}})(L_{\mathrm{d}}\boldsymbol{\psi}_{\mathrm{PM}}^2 - (L_{\mathrm{d}}-L_{\mathrm{q}})L_{\mathrm{q}}^2 i_{\mathrm{q}}^2)}}{2L_{\mathrm{d}}^2(L_{\mathrm{d}}-L_{\mathrm{q}})}$$

$$= -\frac{\boldsymbol{\psi}_{\mathrm{PM}}}{2L_{\mathrm{d}}} + \frac{-\boldsymbol{\psi}_{\mathrm{PM}}L_{\mathrm{d}} + \sqrt{L_{\mathrm{q}}^2\boldsymbol{\psi}_{\mathrm{PM}}^2 + 4L_{\mathrm{q}}^2(L_{\mathrm{d}}-L_{\mathrm{q}})^2 i_{\mathrm{q}}^2}}{2L_{\mathrm{d}}(L_{\mathrm{d}}-L_{\mathrm{q}})} \tag{5-53}$$

从式（5-53）可以得到当 $i_{\mathrm{q}}=0$ 时，$i_{\mathrm{d}}=-\boldsymbol{\psi}_{\mathrm{PM}}/L_{\mathrm{d}}$ 为电压极限圆的圆心。最大电压转矩比的电流轨迹可根据方程或者描点法得到，图5-22所示为最大电压转矩比的电流轨迹。

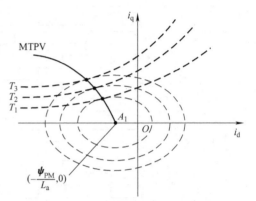

图 5-22 最大电压转矩比的电流轨迹

5.3.4 弱磁效果分析

除了逆变器结构、功率器件和直流侧输出电压会影响电机弱磁运行时的弱磁能力外，电机本体的参数也是重要的影响因素。其中影响比较大的是电机的凸极比 ρ 和去磁系数 k，其幅值 $|k|$ 为弱磁率，可以通过改变这两个参数来分析电机的弱磁能力和弱磁调速范围。

去磁系数 k 定义为

$$k = -\frac{L_{\mathrm{d}}i_{\mathrm{d}}}{\boldsymbol{\psi}_{\mathrm{PM}}} \tag{5-54}$$

要分析电机的弱磁能力和弱磁调速范围就要先分析电机的转折速度 ω_0。ω_0 是电机额定转矩下所能达到的最大速度，满足式（5-55），求转矩极值。

$$\begin{cases} i_{\mathrm{s}} = \sqrt{i_{\mathrm{d}}^2 + i_{\mathrm{q}}^2} \\ T_{\mathrm{e}} = p(\boldsymbol{\psi}_{\mathrm{PM}}i_{\mathrm{q}} + (L_{\mathrm{d}}-L_{\mathrm{q}})i_{\mathrm{d}}i_{\mathrm{q}}) \end{cases} \tag{5-55}$$

根据拉格朗日极值定理，得出

$$L(i_{\mathrm{d}}, i_{\mathrm{q}}, \lambda) = \sqrt{i_{\mathrm{d}}^2 + i_{\mathrm{q}}^2} - \lambda(T_{\mathrm{e}} - (\boldsymbol{\psi}_{\mathrm{PM}}i_{\mathrm{q}} + (L_{\mathrm{d}}-L_{\mathrm{q}})i_{\mathrm{d}}i_{\mathrm{q}})) \tag{5-56}$$

式中，λ 是拉格朗日算子，对式（5-56）求偏导，令各等式为 0，得出

$$\begin{cases} \dfrac{\partial L(i_{\mathrm{d}}, i_{\mathrm{q}}, \lambda)}{\partial i_{\mathrm{d}}} = \dfrac{i_{\mathrm{d}}}{\sqrt{i_{\mathrm{d}}^2 + i_{\mathrm{q}}^2}} + \lambda((L_{\mathrm{d}}-L_{\mathrm{q}})i_{\mathrm{q}}) = 0 \\[3mm] \dfrac{\partial L(i_{\mathrm{d}}, i_{\mathrm{q}}, \lambda)}{\partial i_{\mathrm{q}}} = \dfrac{i_{\mathrm{q}}}{\sqrt{i_{\mathrm{d}}^2 + i_{\mathrm{q}}^2}} + \lambda(-\boldsymbol{\psi}_{\mathrm{PM}} + (L_{\mathrm{d}}-L_{\mathrm{q}})i_{\mathrm{d}}) = 0 \\[3mm] \dfrac{\partial L(i_{\mathrm{d}}, i_{\mathrm{q}}, \lambda)}{\partial \lambda} = -(T_{\mathrm{e}} - (\boldsymbol{\psi}_{\mathrm{PM}}i_{\mathrm{q}} + (L_{\mathrm{d}}-L_{\mathrm{q}})i_{\mathrm{d}}i_{\mathrm{q}})) = 0 \end{cases} \tag{5-57}$$

通过计算，电流达到 i_s 时，电机的直轴电流 i_d 为

$$i_d = \frac{-\psi_{PM} + \sqrt{\psi_{PM}^2 + 8(L_d - L_q)^2 i_s^2}}{4(L_d - L_q)} \tag{5-58}$$

交轴电流为

$$i_q = \sqrt{i_s^2 - i_d^2} \tag{5-59}$$

结合式（5-41）电压极限圆方程可以得出电机的转折速度为

$$\omega_0 = \frac{u_{smax}}{\frac{1}{2}\sqrt{(L_q i_s)^2 + \psi_{PM}^2 + \frac{(L_d + L_q)C^2 + 8\psi_{PM}L_d C}{16(L_d - L_q)}}} \tag{5-60}$$

式中，$C = -\psi_{PM} + \sqrt{\psi_{PM}^2 + 8(L_d - L_q)^2 i_s^2}$。

将凸极比 ρ 和式（5-54）代入式（5-60）得到

$$\omega_0 = \frac{u_{smax}}{\frac{1}{2}\sqrt{1 + (\rho k)^2 + \frac{(1+\rho)B^2 + 8B}{16(1-\rho)}}} \tag{5-61}$$

式中，$B = -1 + \sqrt{1 + 8(1-\rho)^2 k^2}$。

从式（5-61）可以看出转折速度 ω_0 是关于 ρ 和 k 的函数，通过计算和绘图，可以看出 ω_0 和 ρ、k 的关系，如图 5-23 所示。

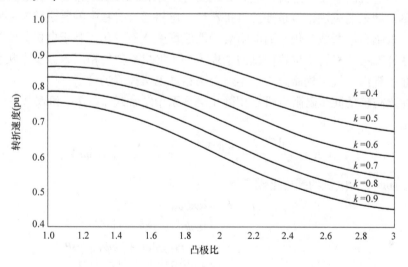

图 5-23 电机转折速度 ω_0 和 ρ、k 的关系图

从图 5-23 可以看出，当 ρ 固定时，电机转折速度 ω_0 随着 k 增大而减小；当 k 固定时，电机转折速度 ω_0 随着 ρ 增大而减小。所以要扩大弱磁区域增大电机运行范围就要增加凸极比 ρ 或者增大去磁系数 k。

5.4 永磁辅助同步磁阻电机无传感器控制技术

永磁辅助同步磁阻电机控制的关键在于转子位置信息和速度信息的获取，而传感器的安装会受到电机本体结构、可靠性、使用环境和价格等因素的制约，无传感器控制技术成为电机控制领域一个重要的研究方向。国外永磁同步电机无传感控制技术开始于 20 世纪 80 年代，国内开始于 20 世纪 90 年代，至今已有 30 多年，目前还没有一种控制方法能够在全频段（包括零速）达到较高的速度和位置估算精度。无传感控制器技术按照适用范围可以分为两种：①适用于中高速的无传感控制器技术；②适用于静止和低速的无传感控制器技术。

适用于中高速的无传感控制器技术有：①基于电机数学模型的开环估计；②模型参考自适应；③滑模观测器；④扩展卡尔曼滤波器。

适用于静止和低速的无传感控制器技术有：①旋转高频电压注入法；②脉振高频电压注入法；③PWM 载波成分法。其中永磁辅助同步磁阻电机由于凸极比大，因此在低速时应用高频注入法的效果比较好。

5.4.1 基于电机数学模型的开环估计法

基于电机数学模型的开环估计算法是最早用于永磁同步电机无传感控制的算法，根据电机的电压、电流、电感和电阻等信号，计算出电机转子位置信息，计算简单，动态响应快，但是涉及电机参数，电机运行过程中随着磁路饱和程度的变化，电感会不断地变化，而电阻会随着温度变化而变化。基于电机数学模型的开环估计算法估算转子位置信息的精度依赖于电机参数的精度，涉及电机参数离线和在线辨识，抗干扰能力差，不适合高精度电机控制场合。

在永磁辅助同步磁阻电机三相静止坐标系中结合式（5-5）和式（5-6），可以得出

$$u_s = R_s i_s + \frac{d(L_s i_s + \psi_{PM} e^{j\theta})}{dt} = R_s i_s + L_s \frac{d i_s}{dt} + j\omega \psi_{PM} \qquad (5\text{-}62)$$

式中，$j\omega \psi_{PM}$ 为电机的感应电动势 E

$$
\begin{aligned}
E &= j\omega \psi_{PM} \\
&= j\omega \psi_{PM}(\cos\theta + j\sin\theta) \\
&= -\omega \psi_{PM}\sin\theta + j\omega \psi_{PM}\cos\theta \\
&= E_d + jE_q
\end{aligned}
\qquad (5\text{-}63)
$$

从式（5-63）可以看出，E 含有转子位置信息，只要能够测量出 E_d 和 E_q 就能计算出电机转子位置信息 θ。

$$\hat{\theta} = \arctan\left(\frac{-E_d}{E_q}\right) \qquad (5\text{-}64)$$

5.4.2　模型参考自适应

模型参考自适应系统（Model Reference Adaptive System，MRAS）的思想是采用参考模型，在控制过程中，系统不断检测被控系统的状态、性能以及参数，并实时将系统当前的运行指标与期望指标相比较，进而做出决策，通过自适应律来改变控制器的结构与参数，以保证系统运行在其定义的最优状态。模型参考自适应系统设计的关键是自适应律的选取，自适应律的设计通常使用 3 种方法：①以局部参数最优化理论为基础的设计方法；②以李雅普诺夫稳定性理论为基础的设计方法；③以波波夫（Popov）稳定性理论为基础的设计方法。考虑到设计的模型参考自适应系统的稳定性，设计自适应律通常以波波夫稳定性理论为基础。

一个典型的模型参考自适应系统由参考模型、可调模型和自适应机构 3 部分组成。从类型来分可以分为并联型、串联型和串并联型。实际建模中使用最多的是并联型模型参考自适应系统。如图 5-24 所示，参考模型和可调模型具有相同的外部输入激励 $u(x)$，而 $X_m(t)$ 和 $X_s(t)$ 分别是参考模型和可调模型的状态输出，系统将 $X_m(t)$ 和 $X_s(t)$ 比较后得出的误差 $e(t)$ 输入自适应机构，通过自适应机构去调节可调模型的参数，使 $X_s(t)$ 快速逼近 $X_m(t)$，也就是误差 $e(t)$ 趋近于零。

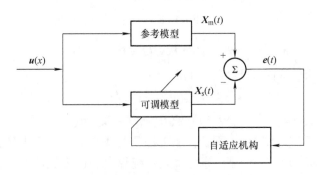

图 5-24　模型参考自适应系统控制框图

图 5-24 所示为并联型模型参考自适应系统控制框图，假设其参考模型的状态方程为

$$\dot{X}_m(t) = A_m X_m(t) + B_m u(t) \tag{5-65}$$

式中，$X_m(0) = X_{m0}$，$X_m(t)$ 为 n 维状态向量，$u(t)$ 为 m 维输入向量，A_m 为 $n \cdot n$ 维矩阵，B_m 为 $n \cdot m$ 维矩阵。

可调模型的状态方程为

$$\dot{X}_s(t) = A(e,t) X_s(t) + B(e,t) u(t) \tag{5-66}$$

式中，$A(e,0) = A_0$，$B(e,0) = B_0$，$X_s(0) = X_{s0}$，$X_s(t)$ 为 n 维状态向量，$u(t)$

为 m 维输入向量，$A(e,t)$ 为 $n \cdot n$ 维时变矩阵，$B(e,t)$ 为 $n \cdot m$ 维时变矩阵。状态方程系统框图如图 5-25 所示。

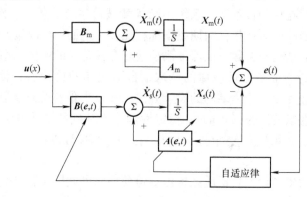

图 5-25 状态方程系统框图

系统状态误差为

$$e(t) = X_m(t) - X_s(t) \tag{5-67}$$

模型参考自适应系统确立参考模型和可调模型后，设计合适的自适应率，使 $\lim\limits_{t \to \infty} e(t) \to 0$，同时可调模型中的矩阵系数应满足

$$\begin{cases} \lim\limits_{t \to \infty} A(e,t) = A_m \\ \lim\limits_{t \to \infty} B(e,t) = B_m \end{cases} \tag{5-68}$$

由式（5-65）和式（5-66）可得

$$\dot{e}(t) = A_m e(t) - \eta(t) \tag{5-69}$$

式中，$\eta(t) = (A(e,t) - A_m)X_s(t) + (B(e,t) - B_m)u(t)$。

等价误差系统如图 5-26 所示，上半部分为线性部分，下半部分为非线性时变部分，当误差 $e(t)$ 为零时，等价误差系统稳定。在多数情况下，要使前向通道线性部分的传递函数为严格正实函数是很困难的，为此在前向通道上设置了一个线性补偿器 D，使 $e'(t) = De(t)$，此时线性部分的稳定性取决于 A_m 和 D，可通过 D 来设置线性部分的严格正实性。对于非线性时变部分，当线性部分增加线性补偿器 D 后，相应的输入要改变。可调矩阵变为 $A(e',t)$ 和 $B(e',t)$，相应的可调参数也要改变。在自适应率的作用下，$A(e',t)$ 和 $B(e',t)$ 逐渐趋近于 A_m 和 B_m，多采用比例-积分器作为自适应率。

根据永磁辅助同步磁阻电机 d、q 轴数学模型，结合式（5-11）和式（5-12）可以得出 d、q 轴电流状态方程

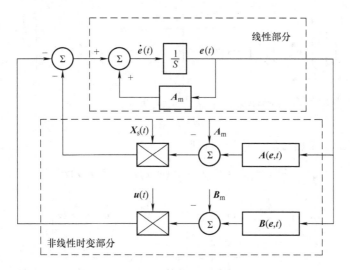

图 5-26 等价误差系统

$$\begin{bmatrix} \boldsymbol{i}_{\mathrm{d}} \\ \boldsymbol{i}_{\mathrm{q}} \end{bmatrix} = \begin{bmatrix} -\dfrac{R_{\mathrm{s}}}{L_{\mathrm{d}}} & \dfrac{L_{\mathrm{q}}}{L_{\mathrm{d}}}\boldsymbol{\omega} \\ -\boldsymbol{\omega}\dfrac{L_{\mathrm{d}}}{L_{\mathrm{q}}} & -\dfrac{R_{\mathrm{s}}}{L_{\mathrm{q}}} \end{bmatrix} \begin{bmatrix} \boldsymbol{i}_{\mathrm{d}} \\ \boldsymbol{i}_{\mathrm{q}} \end{bmatrix} + \begin{bmatrix} \dfrac{\boldsymbol{u}_{\mathrm{d}}}{L_{\mathrm{d}}} \\ \dfrac{\boldsymbol{u}_{\mathrm{q}}}{L_{\mathrm{q}}} - \dfrac{\boldsymbol{\omega}}{L_{\mathrm{q}}}\boldsymbol{\psi}_{\mathrm{PM}} \end{bmatrix} \tag{5-70}$$

式（5-70）电流状态方程中含有转子速度信息，可选电机本体为参考模型，电流模型为可调模型，对状态仿真稍作处理。

$$i_{\mathrm{d}}' = i_{\mathrm{d}} + \frac{\boldsymbol{\psi}_{\mathrm{PM}}}{L_{\mathrm{d}}}, i_{\mathrm{q}}' = i_{\mathrm{q}}, u_{\mathrm{d}}' = u_{\mathrm{d}} + \frac{R_{\mathrm{s}}}{L_{\mathrm{d}}}\boldsymbol{\psi}_{\mathrm{PM}}, u_{\mathrm{q}}' = u_{\mathrm{q}}$$

可以得到

$$\dot{\boldsymbol{i}}\,' = \boldsymbol{A}_{\mathrm{m}}\boldsymbol{i}' + \boldsymbol{B}_{\mathrm{m}}\boldsymbol{u}' \tag{5-71}$$

式中

$$\boldsymbol{i}' = \begin{bmatrix} i_{\mathrm{d}}' \\ i_{\mathrm{q}}' \end{bmatrix}, \boldsymbol{u}' = \begin{bmatrix} u_{\mathrm{d}}' \\ u_{\mathrm{q}}' \end{bmatrix}, \boldsymbol{A}_{\mathrm{m}} = \begin{bmatrix} -\dfrac{R_{\mathrm{s}}}{L_{\mathrm{d}}} & \boldsymbol{\omega} \\ -\boldsymbol{\omega} & -\dfrac{R_{\mathrm{s}}}{L_{\mathrm{q}}} \end{bmatrix}, \boldsymbol{B}_{\mathrm{m}} = \begin{bmatrix} \dfrac{1}{L_{\mathrm{d}}} & 0 \\ 0 & \dfrac{1}{L_{\mathrm{q}}} \end{bmatrix} \tag{5-72}$$

根据参考模型可以建立可调模型

$$\hat{\dot{\boldsymbol{i}}}\,' = \boldsymbol{A}(\boldsymbol{e},t)\,\hat{\boldsymbol{i}}\,' + \boldsymbol{B}(\boldsymbol{e},t)\boldsymbol{u}' \tag{5-73}$$

式中

$$\hat{\pmb{i}}' = \begin{bmatrix} \hat{\pmb{i}}'_{\mathrm{d}} \\ \hat{\pmb{i}}' \end{bmatrix}, \pmb{u}' = \begin{bmatrix} \pmb{u}'_{\mathrm{d}} \\ \pmb{u}'_{\mathrm{q}} \end{bmatrix}, \pmb{A}(\pmb{e},t) = \begin{bmatrix} -\dfrac{R_{\mathrm{s}}}{L_{\mathrm{d}}} & \hat{\pmb{\omega}} \\[3mm] \hat{\pmb{\omega}} & -\dfrac{R_{\mathrm{s}}}{L_{\mathrm{q}}} \end{bmatrix}, \pmb{B}(\pmb{e},t) = \begin{bmatrix} \dfrac{1}{L_{\mathrm{d}}} & 0 \\[3mm] 0 & \dfrac{1}{L_{\mathrm{q}}} \end{bmatrix} \quad (5\text{-}74)$$

根据参考模型和可调模型，定义广义误差为

$$\pmb{e} = \pmb{i}' - \hat{\pmb{i}}' \qquad (5\text{-}75)$$

式（5-71）减去式（5-73）得到

$$\frac{\mathrm{d}\pmb{e}}{\mathrm{d}t} = \pmb{A}_{\mathrm{m}}\pmb{i}' + \pmb{B}_{\mathrm{m}}\pmb{u}' - \pmb{A}(\pmb{e},t)\hat{\pmb{u}}' - \pmb{B}(\pmb{e},t)\pmb{u}'$$

$$= \begin{bmatrix} -\dfrac{R_{\mathrm{s}}}{L_{\mathrm{d}}} & \omega \\[3mm] -\omega & -\dfrac{R_{\mathrm{s}}}{L_{\mathrm{q}}} \end{bmatrix}\pmb{i}' - \begin{bmatrix} -\dfrac{R_{\mathrm{s}}}{L_{\mathrm{d}}} & \omega - \omega + \hat{\omega} \\[3mm] \omega - \omega + \hat{\omega} & -\dfrac{R_{\mathrm{s}}}{L_{\mathrm{q}}} \end{bmatrix}\hat{\pmb{i}}'$$

$$= \begin{bmatrix} -\dfrac{R_{\mathrm{s}}}{L_{\mathrm{d}}} & \omega \\[3mm] -\omega & -\dfrac{R_{\mathrm{s}}}{L_{\mathrm{q}}} \end{bmatrix}\pmb{e} - \begin{bmatrix} 0 & 1 \\ -1 & 0 \end{bmatrix}\hat{\pmb{i}}'(\hat{\omega} - \omega)$$

$$= \pmb{A}_{\mathrm{m}}\pmb{e} - \pmb{W} \qquad (5\text{-}76)$$

式中，$\pmb{W}$ 为 $\pmb{J}\hat{\pmb{i}}'(\hat{\omega} - \omega)$，$\pmb{J}$ 为 $\begin{bmatrix} 0 & 1 \\ -1 & 0 \end{bmatrix}$。

这样就构成了模型参考自适应的反馈系统，如图 5-27 所示，因为 A_{m} 正定矩阵的稳定条件只要满足式（5-76），模型参考自适应的反馈系统就是稳定的。

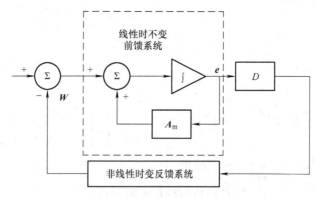

图 5-27　模型参考自适应反馈系统

$$\psi(0,t_1) = \int_0^{t_1} \pmb{e}^{\mathrm{T}}\pmb{J}\hat{\pmb{i}}'(\hat{\omega} - \omega)\,\mathrm{d}t \geq -r_0^2, \ \forall\, t_1 > 0 \qquad (5\text{-}77)$$

式中，r_0^2 是一个有限正数。

要满足式（5-77），通常采用比例 – 积分器作为自适应率。

$$\hat{\omega} = \int_0^t \phi_1(e,t,\tau)\mathrm{d}\tau + \phi_2(e,t) + \hat{\omega}(0) \tag{5-78}$$

式中，$\hat{\omega}(0)$ 为初始值，将式（5-78）代入式（5-77）得到

$$\psi(0,t_1) = \int_0^{t_1} e^{\mathrm{T}} J\hat{i}'\left(\int_0^t \phi_1(e,t,\tau)\mathrm{d}\tau + \phi_2(e,t) + \hat{\omega}(0) - \omega\right)\mathrm{d}t$$

$$= \int_0^{t_1} e^{\mathrm{T}} J\hat{i}'\left(\int_0^t \phi_1(e,t,\tau)\mathrm{d}t + \hat{\omega}(0) - \omega\right)\mathrm{d}t + \int_0^{t_1} e^{\mathrm{T}} J\hat{i}'\phi_2(e,t)\mathrm{d}t$$

$$= \psi_1(0,t_1) + \psi_2(0,t_1) \tag{5-79}$$

要使 $\psi(0,t_1) \geqslant -r_0^2$，可以分别使

$$\psi_1(0,t_1) = \int_0^{t_1} e^{\mathrm{T}} J\hat{i}'\left(\int_0^t \phi_1(e,t,\tau)\mathrm{d}t + \hat{\omega}(0) - \omega\right)\mathrm{d}t \geqslant -r_1^2 \tag{5-80}$$

$$\psi_2(0,t_1) = \int_0^{t_1} e^{\mathrm{T}} J\hat{i}'\phi_2(e,t)\mathrm{d}t \geqslant -r_2^2 \tag{5-81}$$

式中，r_1^2 和 r_2^2 分别为有限的正数，对于任意函数 $f(t)$，都会存在以下不等式：

$$\int_0^{t_1} \frac{\mathrm{d}f(t)}{\mathrm{d}t} kf(t)\mathrm{d}t = \frac{k}{2}[f^2(t_0) - f^2(0)] \geqslant \frac{1}{2} kf^2(0), k > 0 \tag{5-82}$$

这里假设

$$\frac{\mathrm{d}f(t)}{\mathrm{d}t} = e^{\mathrm{T}} J\hat{i}' \tag{5-83}$$

$$kf(t) = \int_0^t \phi_1(e,t,\tau)\mathrm{d}\tau + \phi_2(e,t) + \hat{\omega}(0) - \omega \tag{5-84}$$

对式（5-84）两边求导可以求出

$$\phi_1(e,t,\tau) = K_i e^{\mathrm{T}} J\hat{i}', K_i > 0 \tag{5-85}$$

同理可以求出

$$\phi_2(e,t,\tau) = K_p e^{\mathrm{T}} J\hat{i}', K_p > 0 \tag{5-86}$$

假设 $\hat{\omega}(0)$ 为零，将式（5-85）和式（5-86）代入式（5-78）得到

$$\hat{\omega} = \int_0^t K_i e^{\mathrm{T}} J\hat{i}'\mathrm{d}\tau + K_p e^{\mathrm{T}} J\hat{i}'$$

$$= K_p\left(i_d\hat{i}_q - i_q\hat{i}_d - \frac{\psi_{\mathrm{PM}}}{L_d}(i_q - \hat{i}_q)\right) + K_i\int_0^t\left(i_d\hat{i}_q - i_q\hat{i}_d - \frac{\psi_{\mathrm{PM}}}{L_d}(i_q - \hat{i}_q)\right)\mathrm{d}t \tag{5-87}$$

$$\hat{\theta} = \int_0^t \hat{\omega}\mathrm{d}t \tag{5-88}$$

5.4.3　滑模观测器

　　滑模观测器是滑模变结构控制的一种，其本质是一种特殊的非线性控制，滑模观测器系统结构是随着时间变化的。通过设计系统的滑动模态，强迫系统在一定条件下沿着固定的状态轨迹来回切换，即进入滑动模态。一旦进入滑动模态，控制对象的参数和外界的干扰就不起作用，因此滑模观测器具有对参数和外界的干扰不敏感、鲁棒性强和响应速度快等特点。

　　假设时变系统的状态方程为

$$F = f(x, u, t) \tag{5-89}$$

式中，x 为系统状态，u 为控制函数，在 $S(x) = 0$ 发生切换，u 可以表示为以下形式：

$$u = \begin{cases} u^+(x, t), & S(x) > 0 \\ u^-(x, t), & S(x) < 0 \end{cases} \tag{5-90}$$

$u^+(x, t)$、$u^-(x, t)$ 和 $S(x)$ 都是连续函数，而且 $u^+(x, t)$ 必须不等于 $u^-(x, t)$。

　　在两相静止坐标系 α、β 轴下，永磁辅助同步磁阻电机的数学模型可以表示为

$$\begin{cases} \dfrac{\mathrm{d}\boldsymbol{i}_\alpha}{\mathrm{d}t} = -\dfrac{R_\mathrm{s}}{L}\boldsymbol{i}_\alpha + \dfrac{1}{L}\boldsymbol{u}_\alpha - \dfrac{1}{L}\boldsymbol{e}_\alpha \\ \dfrac{\mathrm{d}\boldsymbol{i}_\beta}{\mathrm{d}t} = -\dfrac{R_\mathrm{s}}{L}\boldsymbol{i}_\beta + \dfrac{1}{L}\boldsymbol{u}_\beta - \dfrac{1}{L}\boldsymbol{e}_\beta \end{cases} \tag{5-91}$$

$$\begin{cases} \boldsymbol{e}_\alpha = -\omega\boldsymbol{\psi}_\mathrm{PM}\sin\theta \\ \boldsymbol{e}_\beta = \omega\boldsymbol{\psi}_\mathrm{PM}\cos\theta \end{cases} \tag{5-92}$$

　　从式（5-92）可以看出，电机的感应电动势里包含电机转子位置信息和速度信息，在中高速运行状态下，电机的感应电动势较容易观测出来，可以通过设计滑模观测器将电机电压和电流作为输入量，通过对感应电动势的观测将转子位置信息提取出来。

　　根据式（5-90）可以设计 $s = i' - i$ 作为切换面 $S(x)$。

$$\mathrm{sign}[x] = \begin{cases} 1, & x > 0 \\ 0, & x = 0 \\ -1, & x < 0 \end{cases} \tag{5-93}$$

　　由式（5-91）永磁辅助同步磁阻电机的数学模型构建基于滑模观测器的电机电流状态方程为

$$\begin{cases} \dfrac{\mathrm{d}\hat{i}_\alpha}{\mathrm{d}t} = -\dfrac{R_s}{L}\hat{i}_\alpha + \dfrac{1}{L}u_\alpha - \dfrac{1}{L}k\mathrm{sign}\ (\hat{i}_\alpha - i_\alpha) \\[3mm] \dfrac{\mathrm{d}\hat{i}_\beta}{\mathrm{d}t} = -\dfrac{R_s}{L}\hat{i}_\beta + \dfrac{1}{L}u_\beta - \dfrac{1}{L}k\mathrm{sign}\ (\hat{i}_\beta - i_\beta) \end{cases} \tag{5-94}$$

式 (5-94) 减去式 (5-91) 可以得到滑模观测器的电流状态误差方程

$$\begin{cases} \dfrac{\mathrm{d}\bar{i}_\alpha}{\mathrm{d}t} = -\dfrac{R_s}{L}\bar{i}_\alpha + \dfrac{1}{L}e_\alpha - \dfrac{1}{L}k\mathrm{sign}(\bar{i}_\alpha) \\[3mm] \dfrac{\mathrm{d}\bar{i}_\beta}{\mathrm{d}t} = -\dfrac{R_s}{L}\bar{i}_\beta + \dfrac{1}{L}e_\beta - \dfrac{1}{L}k\mathrm{sign}(\bar{i}_\beta) \end{cases} \tag{5-95}$$

式中，$\bar{i}_\alpha = \hat{i}_\alpha - i_\alpha$，$\bar{i}_\beta = \hat{i}_\beta - i_\beta$，$k$ 为控制器增益。

从式 (5-95) 可以看出滑模观测器的设计应当选取 $S(x) = \bar{i}$ 作为切换面，选取 $u = -k\mathrm{sign}(\bar{i})$ 作为控制函数。滑模观测器稳定的充分条件为 $\bar{i}\,\dot{\bar{i}} < 0$。

$$\bar{i}_\alpha \dot{\bar{i}}_\alpha = \bar{i}_\alpha\left(-\dfrac{R_s}{L}\bar{i}_\alpha + \dfrac{1}{L}e_\alpha - \dfrac{1}{L}k\mathrm{sign}(\bar{i}_\alpha)\right) = -\dfrac{R_s}{L}\bar{i}_\alpha^2 + \dfrac{1}{L}e_\alpha \bar{i}_\alpha - \dfrac{1}{L}k\mathrm{sign}(\bar{i}_\alpha)\bar{i}_\alpha$$

$$= \begin{cases} -\dfrac{R_s}{L}\bar{i}_\alpha^2 + \dfrac{1}{L}\bar{i}_\alpha(e_\alpha - k), \\[3mm] -\dfrac{R_s}{L}\bar{i}_\alpha^2 + \dfrac{1}{L}\bar{i}_\alpha(e_\alpha + k) \end{cases} \quad \begin{cases} \bar{i}_\alpha > 0 \\[3mm] \bar{i}_\alpha < 0 \end{cases} \tag{5-96}$$

同理

$$\bar{i}_\beta \dot{\bar{i}}_\beta = \bar{i}_\beta\left(-\dfrac{R_s}{L}\bar{i}_\beta + \dfrac{1}{L}e_\beta - \dfrac{1}{L}k\mathrm{sign}(\bar{i}_\beta)\right) = -\dfrac{R_s}{L}\bar{i}_\beta^2 + \dfrac{1}{L}e_\beta \bar{i}_\beta - \dfrac{1}{L}k\mathrm{sign}(\bar{i}_\beta)\bar{i}_\beta$$

$$= \begin{cases} -\dfrac{R_s}{L}\bar{i}_\beta^2 + \dfrac{1}{L}\bar{i}_\beta(e_\beta - k), \\[3mm] -\dfrac{R_s}{L}\bar{i}_\beta^2 + \dfrac{1}{L}\bar{i}_\beta(e_\beta + k) \end{cases} \quad \begin{cases} \bar{i}_\beta > 0 \\[3mm] \bar{i}_\beta < 0 \end{cases} \tag{5-97}$$

要满足 $\bar{i}_\alpha \dot{\bar{i}}_\alpha < 0$ 和 $\bar{i}_\beta \dot{\bar{i}}_\beta < 0$，根据式 (5-96) 和式 (5-97) 可以求出当 $k > \max(|e_\alpha|, |e_\beta|)$ 时，可以保证 $\bar{i}_\alpha \dot{\bar{i}}_\alpha < 0$ 和 $\bar{i}_\beta \dot{\bar{i}}_\beta < 0$，系统会进入滑模面并保持稳定。但实际应用中，$k$ 值不能过大，否则会引起估计电流的偏差和系统的抖振。

随着 $S(x) = 0$ 和 $\dot{S}(x) = 0$，可得到

$$\begin{cases} \hat{\boldsymbol{e}}_\alpha = k\mathrm{sign}\,(\,\bar{\boldsymbol{i}}_\alpha) \\ \hat{\boldsymbol{e}}_\beta = k\mathrm{sign}\,(\,\bar{\boldsymbol{i}}_\beta) \end{cases} \tag{5-98}$$

式（5-97）中右边的开关控制函数包含了感应电动势信息，但是开关控制函数还包含了高频开关信息，要经过低通滤波才能得到正确的感应电动势信息。

$$\begin{cases} \hat{\boldsymbol{e}}'_\alpha = \dfrac{\omega_c}{\omega_c + s}\hat{\boldsymbol{e}}_\alpha \\[2mm] \hat{\boldsymbol{e}}'_\beta = \dfrac{\omega_c}{\omega_c + s}\hat{\boldsymbol{e}}_\beta \end{cases} \tag{5-99}$$

转子位置可以表示为

$$\hat{\theta} = -\arctan(\hat{\boldsymbol{e}}'_\alpha / \hat{\boldsymbol{e}}'_\beta) \tag{5-100}$$

从式（5-99）可以看出感应电动势是经过低通滤波得到的，存在有相位延时，所以由此估算出来的位置信息也会存在有相位延时。

$$\Delta\theta = \arctan(\omega/\omega_c) \tag{5-101}$$

修正后的转子位置信息可以表示为

$$\hat{\theta}' = \hat{\theta} + \Delta\theta \tag{5-102}$$

转子速度可以表示为

$$\hat{\omega} = \frac{\sqrt{\hat{\boldsymbol{e}}'^2_\alpha + \hat{\boldsymbol{e}}'^2_\beta}}{\boldsymbol{\psi}_{PM}} \tag{5-103}$$

5.4.4　扩展卡尔曼滤波器

扩展卡尔曼滤波（Extended Kalman Filters，EKF）算法是由美国学者 Kalman 在 20 世纪 60 年代初提出的一种基于最小方差估计的最优预测估计方法，这种算法便于计算机实时处理。它提供了直接处理随机噪声干扰的解决方案，将参数误差看作噪声并把预估计量作为空间状态变量，充分利用所测量的数据，用递推法将系统及测量的随机噪声滤除，得到准确的空间状态值。

永磁辅助同步磁阻电机的一般状态方程和观测方程可以表示为

$$\begin{cases} \dot{\boldsymbol{x}} = A\boldsymbol{x} + B\boldsymbol{u} + \boldsymbol{w} \\ \boldsymbol{y} = C\boldsymbol{x} + v \end{cases} \tag{5-104}$$

式中，$\boldsymbol{w}$ 和 v 分别为系统和测量的高斯白噪声，通常由传感器和 A – D 转换器造成。将 $\boldsymbol{w}$ 和 v 的协方差（Covariance）矩阵定义为

$$\begin{cases} \mathrm{cov}(\boldsymbol{w}) = E(\boldsymbol{w}\boldsymbol{w}^{\mathrm{T}}) = \boldsymbol{Q} \\ \mathrm{cov}(v) = E(vv^{\mathrm{T}}) = \boldsymbol{R} \end{cases} \tag{5-105}$$

扩展卡尔曼滤波的一般表示形式为

$$\begin{cases} \dot{\hat{x}} = A\,\hat{x} + B\boldsymbol{u} + K(\boldsymbol{y} - \hat{\boldsymbol{y}}) \\ \hat{\boldsymbol{y}} = C\,\hat{x} \end{cases} \tag{5-106}$$

式中，K 为扩展卡尔曼滤波增益矩阵，基本结构如图 5-28 所示。

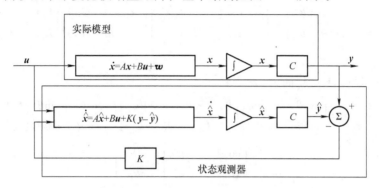

图 5-28　扩展卡尔曼滤波基本结构

　　基于永磁辅助同步磁阻电机 d、q 轴模型的扩展卡尔曼滤波算法，永磁辅助同步磁阻电机状态方程可以表示为

$$\begin{bmatrix} \dfrac{\mathrm{d}\boldsymbol{i}_{\mathrm{d}}}{\mathrm{d}t} \\[2mm] \dfrac{\mathrm{d}\boldsymbol{i}_{\mathrm{q}}}{\mathrm{d}t} \\[2mm] \dfrac{\mathrm{d}\omega}{\mathrm{d}t} \\[2mm] \dfrac{\mathrm{d}\theta}{\mathrm{d}t} \end{bmatrix} = \begin{bmatrix} -\dfrac{R_{\mathrm{s}}}{L_{\mathrm{d}}} & \dfrac{\omega L_{\mathrm{q}}}{L_{\mathrm{d}}} & 0 & 0 \\[2mm] -\dfrac{\omega L_{\mathrm{d}}}{L_{\mathrm{q}}} & -\dfrac{R_{\mathrm{s}}}{L_{\mathrm{q}}} & -\dfrac{\boldsymbol{\psi}_{\mathrm{PM}}}{L_{\mathrm{q}}} & 0 \\[2mm] 0 & \dfrac{3p^2\boldsymbol{\psi}_{\mathrm{PM}}}{2J} & 0 & 0 \\[2mm] 0 & 0 & 1 & 0 \end{bmatrix} \begin{bmatrix} \boldsymbol{i}_{\mathrm{d}} \\[2mm] \boldsymbol{i}_{\mathrm{q}} \\[2mm] \omega \\[2mm] \theta \end{bmatrix} + \begin{bmatrix} \dfrac{\cos\theta}{L_{\mathrm{d}}} & \dfrac{\sin\theta}{L_{\mathrm{d}}} & 0 & 0 \\[2mm] -\dfrac{\sin\theta}{L_{\mathrm{q}}} & \dfrac{\cos\theta}{L_{\mathrm{q}}} & 0 & 0 \\[2mm] 0 & 0 & 0 & 0 \\[2mm] 0 & 0 & 0 & 0 \end{bmatrix} \begin{bmatrix} \boldsymbol{u}_{\alpha} \\[2mm] \boldsymbol{u}_{\beta} \\[2mm] 0 \\[2mm] 0 \end{bmatrix}$$

$$\tag{5-107}$$

$$\begin{bmatrix} \boldsymbol{i}_{\alpha} \\ \boldsymbol{i}_{\beta} \end{bmatrix} = \begin{bmatrix} \cos\theta & -\sin\theta & 0 & 0 \\ \sin\theta & \cos\theta & 0 & 0 \end{bmatrix} \begin{bmatrix} \boldsymbol{i}_{\mathrm{d}} \\ \boldsymbol{i}_{\mathrm{q}} \\ \omega \\ \theta \end{bmatrix} \tag{5-108}$$

5.4.5　旋转高频电压注入法

　　旋转高频电压注入法是在基波激励上叠加一个三相平衡的高频电压激励，此时电压空间矢量在电机中产生旋转磁场，由于注入电压信号的频率要远高于电机转子频率，因此可以在定子电流中提取转子的位置和速度信息，旋转高频电压注入法一般在 $\alpha\beta$ 坐标系中注入高频正弦信号。

永磁辅助同步磁阻电机 dq 坐标系电压方程可以表示为

$$\begin{bmatrix} u_{\mathrm{d}} \\ u_{\mathrm{q}} \end{bmatrix} = \begin{bmatrix} R_{\mathrm{s}} + L_{\mathrm{d}}p & -\omega L_{\mathrm{q}} \\ \omega L_{\mathrm{d}} & R_{\mathrm{s}} + L_{\mathrm{q}}p \end{bmatrix} \begin{bmatrix} i_{\mathrm{d}} \\ i_{\mathrm{q}} \end{bmatrix} + \begin{bmatrix} 0 \\ \omega \psi_{\mathrm{PM}} \end{bmatrix} \tag{5-109}$$

永磁辅助同步磁阻电机 $\alpha\beta$ 坐标系电压方程可以表示为

$$\begin{bmatrix} \cos\theta & \sin\theta \\ -\sin\theta & \cos\theta \end{bmatrix} \begin{bmatrix} u_{\alpha} \\ u_{\beta} \end{bmatrix} = \begin{bmatrix} R_{\mathrm{s}} + L_{\mathrm{d}}p & -\omega L_{\mathrm{q}} \\ \omega L_{\mathrm{d}} & R_{\mathrm{s}} + L_{\mathrm{q}}p \end{bmatrix} \begin{bmatrix} \cos\theta & \sin\theta \\ -\sin\theta & \cos\theta \end{bmatrix} \begin{bmatrix} i_{\alpha} \\ i_{\beta} \end{bmatrix} + \begin{bmatrix} 0 \\ \omega \psi_{\mathrm{PM}} \end{bmatrix}$$

$$\tag{5-110}$$

将式（5-110）化简为

$$\begin{bmatrix} u_{\alpha} \\ u_{\beta} \end{bmatrix} = \begin{bmatrix} \cos\theta & -\sin\theta \\ \sin\theta & \cos\theta \end{bmatrix} \begin{bmatrix} R_{\mathrm{s}} + L_{\mathrm{d}}p & -\omega L_{\mathrm{q}} \\ \omega L_{\mathrm{d}} & R_{\mathrm{s}} + L_{\mathrm{q}}p \end{bmatrix} \begin{bmatrix} \cos\theta & \sin\theta \\ -\sin\theta & \cos\theta \end{bmatrix} \begin{bmatrix} i_{\alpha} \\ i_{\beta} \end{bmatrix}$$

$$+ \begin{bmatrix} \cos\theta & -\sin\theta \\ \sin\theta & \cos\theta \end{bmatrix} \begin{bmatrix} 0 \\ \omega \psi_{\mathrm{PM}} \end{bmatrix} \tag{5-111}$$

进一步可以得到

$$\begin{bmatrix} u_{\alpha} \\ u_{\beta} \end{bmatrix} = R_{\mathrm{s}} \begin{bmatrix} i_{\alpha} \\ i_{\beta} \end{bmatrix} + \begin{bmatrix} L - \Delta L\cos(2\theta) & -\Delta L\sin(2\theta) \\ -\Delta L\sin(2\theta) & L + \Delta L\cos(2\theta) \end{bmatrix} \begin{bmatrix} \dfrac{\mathrm{d}i_{\alpha}}{\mathrm{d}t} \\ \dfrac{\mathrm{d}i_{\beta}}{\mathrm{d}t} \end{bmatrix}$$

$$+ \omega \begin{bmatrix} \Delta L\sin(2\theta) & -L - \Delta L\cos(2\theta) \\ L - \Delta L\cos(2\theta) & -\Delta L\sin(2\theta) \end{bmatrix} \begin{bmatrix} i_{\alpha} \\ i_{\beta} \end{bmatrix} + \omega \psi_{\mathrm{PM}} \begin{bmatrix} -\sin(\theta) \\ \cos(\theta) \end{bmatrix}$$

$$\tag{5-112}$$

式中　$L = (L_{\mathrm{q}} + L_{\mathrm{d}})/2$——$d$、$q$ 轴平均电感；

　　　$\Delta L = (L_{\mathrm{q}} - L_{\mathrm{d}})/2$——$d$、$q$ 轴半差电感。

由于注入的高频信号远大于电机的运行频率，因此式（5-112）中含有电阻和转速的项可以忽略不计，所以在高频模式下式（5-112）可以简化成

$$\begin{bmatrix} u_{\alpha\mathrm{h}} \\ u_{\beta\mathrm{h}} \end{bmatrix} = \begin{bmatrix} L - \Delta L\cos(2\theta) & -\Delta L\sin(2\theta) \\ -\Delta L\sin(2\theta) & L + \Delta L\cos(2\theta) \end{bmatrix} \begin{bmatrix} \dfrac{\mathrm{d}i_{\alpha\mathrm{h}}}{\mathrm{d}t} \\ \dfrac{\mathrm{d}i_{\beta\mathrm{h}}}{\mathrm{d}t} \end{bmatrix} \tag{5-113}$$

假设在永磁辅助同步磁阻电机 $\alpha\beta$ 坐标系中注入高频信号，幅值为 U_{h}，频率为 ω_{h}，可以得到

$$u_{\mathrm{h}} = \begin{bmatrix} u_{\alpha\mathrm{h}} \\ u_{\beta\mathrm{h}} \end{bmatrix} = U_{\mathrm{h}} \begin{bmatrix} -\sin(\omega_{\mathrm{h}}t) \\ \cos(\omega_{\mathrm{h}}t) \end{bmatrix} \tag{5-114}$$

结合式（5-112）和式（5-113）可以得到

$$i_h = \begin{bmatrix} i_{\alpha h} \\ i_{\beta h} \end{bmatrix} = I_p \begin{bmatrix} \cos(\omega_h t) \\ \sin(\omega_h t) \end{bmatrix} + I_n \begin{bmatrix} \cos(2\theta - \omega_h t) \\ \sin(2\theta - \omega_h t) \end{bmatrix} \tag{5-115}$$

式中

$$I_p = \frac{LU_h}{\omega_h(L^2 - \Delta L^2)}, I_n = \frac{\Delta LU_h}{\omega_h(L^2 - \Delta L^2)}, I_p > I_n$$

从式（5-115）可以看出，高频电流由两部分组成：一部分是正序电流分量

$$I_p \begin{bmatrix} \cos(\omega_h t) \\ \sin(\omega_h t) \end{bmatrix}$$

幅值为 I_p，与高频注入电压的旋转方向一致；另一部分是负序电流分量

$$I_n \begin{bmatrix} \cos(2\theta - \omega_h t) \\ \sin(2\theta - \omega_h t) \end{bmatrix}$$

幅值为 I_n，与高频注入电压的旋转方向相反，而且相位相差 2θ，可以利用负序电流求解出转子位置信息，式（5-114）的矢量形式可以表示为

$$i_h = I_p e^{j\omega_h t} + I_n e^{j(2\theta - \omega_h t)} \tag{5-116}$$

由于 $I_p > I_n$，因此高频电流的轨迹是一个椭圆，以 $\theta = 0°$ 为例，电流轨迹如图 5-29 所示，椭圆与 α 轴相交于 A 点，坐标为 $(I_p + I_n, 0)$，与 β 轴相交于 B 点，坐标为 $(0, I_p - I_n)$。

为了提取高频电流负序分量相角中所包含的转子凸极位置信息，必须很好地滤除基波电流、SPWM 载波频率电流和

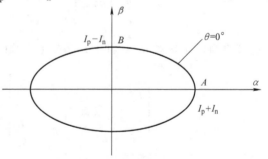

图 5-29　转子位置 $\theta = 0°$ 时
高频电流轨迹图

高频电流中的正序分量。基波电流与高频电流幅值相差很大，载波频率远比注入的高频频率高，所以可通过常规的带通滤波器（BPF）滤除。正序电流分量可以通过同步轴高通滤波器（SFF）滤除。再经过一个锁相环 PLL 就可以得到转子位置和速度信息。

5. 4. 6　脉振高频电压注入法

脉振高频电压注入法只是在电机的同步旋转坐标系 d、q 轴中的 d 轴注入高频电压，这个高频电压在静止坐标系 α、β 轴中表现为一个脉振高频电压。

根据式（5-109）有

$$\begin{bmatrix} \boldsymbol{u}_d \\ \boldsymbol{u}_q \end{bmatrix} = \begin{bmatrix} R_s + L_d p & -\omega L_q \\ \omega L_d & R_s + L_q p \end{bmatrix} \begin{bmatrix} \boldsymbol{i}_d \\ \boldsymbol{i}_q \end{bmatrix} + \begin{bmatrix} 0 \\ \omega \boldsymbol{\psi}_{PM} \end{bmatrix}$$

由于注入电压信号的频率要远高于电机转子频率，因此电机可以等效为 $R-L$ 模型，根据 dq 坐标系下永磁辅助同步磁阻电机的电压数学模型，可以推出此时的高频电压方程为

$$\begin{bmatrix} u_{\mathrm{dh}} \\ u_{\mathrm{qh}} \end{bmatrix} = \begin{bmatrix} R_{\mathrm{s}} + L_{\mathrm{d}}p & 0 \\ 0 & R_{\mathrm{s}} + L_{\mathrm{q}}p \end{bmatrix} \begin{bmatrix} i_{\mathrm{dh}} \\ i_{\mathrm{qh}} \end{bmatrix} = \begin{bmatrix} Z_{\mathrm{dh}} & 0 \\ 0 & Z_{\mathrm{qh}} \end{bmatrix} \begin{bmatrix} i_{\mathrm{dh}} \\ i_{\mathrm{qh}} \end{bmatrix} \tag{5-117}$$

式中，Z_{dh} 和 Z_{qh} 分别为 d、q 轴高频等效阻抗，定义转子位置信息估计误差 $\Delta\theta$ 为

$$\Delta\theta = \hat{\theta} - \theta \tag{5-118}$$

式中，$\hat{\theta}$ 为估计值，θ 为真实值，关系图如图 5-30 所示。

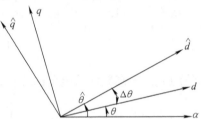

图 5-30　估算转子位置和实际位置关系图

定义 $T(\Delta\theta)$ 为真实转子位置到估计转子位置的转换矩阵。

$$T(\Delta\theta) = \begin{bmatrix} \cos(\Delta\theta) & \sin(\Delta\theta) \\ -\sin(\Delta\theta) & \cos(\Delta\theta) \end{bmatrix} \tag{5-119}$$

则在旋转坐标系 d、q 轴下，高频电压和电流关系可以写成

$$\begin{bmatrix} \hat{i}_{\mathrm{dh}} \\ \hat{i}_{\mathrm{qh}} \end{bmatrix} = T(\Delta\theta) \begin{bmatrix} \dfrac{1}{Z_{\mathrm{d}}} & 0 \\ 0 & \dfrac{1}{Z_{\mathrm{q}}} \end{bmatrix} T^{-1}(\Delta\theta) \begin{bmatrix} \hat{u}_{\mathrm{dh}} \\ \hat{u}_{\mathrm{qh}} \end{bmatrix} \tag{5-120}$$

$$\begin{bmatrix} \hat{i}_{\mathrm{dh}} \\ \hat{i}_{\mathrm{qh}} \end{bmatrix} = \begin{bmatrix} \cos(\Delta\theta) & \sin(\Delta\theta) \\ -\sin(\Delta\theta) & \cos(\Delta\theta) \end{bmatrix} \begin{bmatrix} \dfrac{1}{Z_{\mathrm{d}}} & 0 \\ 0 & \dfrac{1}{Z_{\mathrm{q}}} \end{bmatrix} \begin{bmatrix} \cos(\Delta\theta) & -\sin(\Delta\theta) \\ \sin(\Delta\theta) & \cos(\Delta\theta) \end{bmatrix} \begin{bmatrix} \hat{u}_{\mathrm{dh}} \\ \hat{u}_{\mathrm{qh}} \end{bmatrix} \tag{5-121}$$

化简可以得到

$$\begin{bmatrix} \hat{i}_{\mathrm{dh}} \\ \hat{i}_{\mathrm{qh}} \end{bmatrix} = \frac{1}{Z^2 - \Delta Z^2} \begin{bmatrix} Z - \Delta Z\cos(2\Delta\theta) & \Delta Z\sin(2\Delta\theta) \\ \Delta Z\sin(2\Delta\theta) & Z + \Delta Z\cos(2\Delta\theta) \end{bmatrix} \begin{bmatrix} \hat{u}_{\mathrm{dh}} \\ \hat{u}_{\mathrm{qh}} \end{bmatrix} \tag{5-122}$$

式中　$Z = (Z_{\mathrm{d}} + Z_{\mathrm{q}})/2$——$d$、$q$ 轴平均高频阻抗；

　　　　$\Delta Z = (Z_{\mathrm{d}} - Z_{\mathrm{q}})/2$——$d$、$q$ 轴半差高频阻抗。

假设在永磁辅助同步磁阻电机 dq 坐标系中，估计 d 轴注入高频正弦信号为

$$\hat{u}_{\mathrm{h}} = \begin{bmatrix} \hat{u}_{\mathrm{dh}} \\ \hat{u}_{\mathrm{qh}} \end{bmatrix} = U_{\mathrm{h}} \begin{bmatrix} \cos(\omega_{\mathrm{h}}t) \\ 0 \end{bmatrix}$$

则式（5-122）可以表示为

$$\begin{bmatrix} \hat{i}_{\mathrm{dh}} \\ \hat{i}_{\mathrm{qh}} \end{bmatrix} = \frac{1}{Z^2 - \Delta Z^2} \begin{bmatrix} Z - \Delta Z\cos(2\Delta\theta) & \Delta Z\sin(2\Delta\theta) \\ \Delta Z\sin(2\Delta\theta) & Z + \Delta Z\cos(2\Delta\theta) \end{bmatrix} U_{\mathrm{h}} \begin{bmatrix} \cos(\omega_{\mathrm{h}}t) \\ 0 \end{bmatrix}$$

$$= \begin{bmatrix} \dfrac{Z - \Delta Z\cos(2\Delta\theta)}{Z^2 - \Delta Z^2} U_{\mathrm{h}}\cos(\omega_{\mathrm{h}}t) \\ \dfrac{\Delta Z\sin(2\Delta\theta)}{Z^2 - \Delta Z^2} U_{\mathrm{h}}\cos(\omega_{\mathrm{h}}t) \end{bmatrix}$$

$$(5\text{-}123)$$

由式（5-123）可以看出，如果半差高频阻抗 ΔZ 不为 0，则估计的旋转坐标系 d、q 轴中，d 轴和 q 轴上的高频电流分量都与估计转子位置的误差 $\Delta\theta$ 有关。若 $\Delta\theta$ 为 0，则 d 轴上的电流并不为 0，而 q 轴上的电流为 0，所以选择 q 轴上的高频电流分量进行相应的处理以得到转子位置信息，提取原理如图 5-31 所示，采集电机的三相电流经过坐标变换后得到估计的 q 轴电流，然后经过一个带通滤波器得到 q 轴的高频电流信息，再乘以调制信号 $\sin(\omega_{\mathrm{h}}t)$ 进行信号调幅，得到关于转子位置误差信息的函数 $F(\hat{\theta})$。

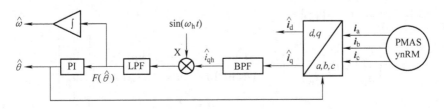

图 5-31 转子位置信息提取原理图

$$F(\hat{\theta}) = \frac{U_{\mathrm{h}}}{2\omega_{\mathrm{h}}(L^2 - \Delta L^2)} \Delta L\sin(2\Delta\theta) \qquad (5\text{-}124)$$

从式（5-124）可以看出，当 $\Delta\theta$ 接近 0 时，$\sin(2\Delta\theta) \approx 2\Delta\theta$，$F(\hat{\theta})$ 可以表示为 $F(\hat{\theta}) = K\Delta\theta$，其中，$K = (U_{\mathrm{h}}\Delta Z/\omega_{\mathrm{h}})/(Z^2 - \Delta Z^2)$ 为误差增益。如果通过调节器把 $F(\hat{\theta}) = K\Delta\theta$ 调节为 0，则估计转子位置信息误差为 0，$\hat{\theta} = \theta$。在这里调节器采用 PI 调节器，如图 5-31 所示。

脉振高频电压注入法在误差函数 $F(\hat{\theta})$ 趋近于 0 时存在两种情况，一种是 $\hat{\theta}=\theta$，另一种是 $\hat{\theta}=\theta+\pi$。所以利用脉振高频电压注入法估算转子位置信息时，在起动时刻还需要进行极性判断，否则会存在起动失败的情况。

判断转子极性可以利用磁路饱和效应，脉振高频电压注入法可以通过直接观测 d 轴高频电流来判断磁极极性。当 $i_d > 0$ 时，定子电流与永磁体的磁链方向一致，d 轴电感降低；当 $i_d < 0$ 时，定子电流与永磁体的磁链方向相反，d 轴电感升高。利用这种特性可以辨别出电机磁极的极性。当 $\Delta\theta$ 接近 0 时，估算出的高频 d 轴电流可以表示为

$$\hat{i}_{dh} = \frac{U_h}{\omega_h L_d}\sin(\omega_h t) \tag{5-125}$$

根据以上分析，当估计转子位置信息与实际位置一致时，$\hat{i}_{dh}$ 的正向幅值大于负向幅值；当估计转子位置信息与实际位置相反时，$\hat{i}_{dh}$ 的正向幅值小于负向幅值。所以可以通过一个低通滤波器（LPF）来提取 $\hat{i}_{dh}$ 的直流分量，直接通过判断直流分量来判断磁极极性。

5.4.7 PWM 载波成分法

基于 PWM 载波成分法的永磁辅助同步磁阻电机无传感位置估算是利用电机的凸极性，无需注入信号。该方法利用逆变器输出的固有谐波电压和谐波电流。PWM 载波成分法把谐波信号从基波中分离出来。

根据式（5-112）得到

$$\begin{bmatrix} \boldsymbol{u}_{\alpha} \\ \boldsymbol{u}_{\beta} \end{bmatrix} = R_s \begin{bmatrix} \boldsymbol{i}_{\alpha} \\ \boldsymbol{i}_{\beta} \end{bmatrix} + \begin{bmatrix} L-\Delta L\cos(2\theta) & -\Delta L\sin(2\theta) \\ -\Delta L\sin(2\theta) & L+\Delta L\cos(2\theta) \end{bmatrix} \begin{bmatrix} \dfrac{\mathrm{d}\boldsymbol{i}_{\alpha}}{\mathrm{d}t} \\ \dfrac{\mathrm{d}\boldsymbol{i}_{\beta}}{\mathrm{d}t} \end{bmatrix}$$

$$+ \omega \begin{bmatrix} \Delta L\sin(2\theta) & -L-\Delta L\cos(2\theta) \\ L-\Delta L\cos(2\theta) & -\Delta L\sin(2\theta) \end{bmatrix} \begin{bmatrix} \boldsymbol{i}_{\alpha} \\ \boldsymbol{i}_{\beta} \end{bmatrix} + \omega\boldsymbol{\psi}_{PM} \begin{bmatrix} -\sin(\theta) \\ \cos(\theta) \end{bmatrix}$$

式中 $L=(L_q+L_d)/2$——d、q 轴平均电感；

$\Delta L=(L_q-L_d)/2$——d、q 轴半差电感。

高频谐波下忽略电阻压降和感应电动势，得到

$$\begin{bmatrix} u_{\alpha h} \\ u_{\beta h} \end{bmatrix} = \begin{bmatrix} L-\Delta L\cos(2\theta) & -\Delta L\sin(2\theta) \\ -\Delta L\sin(2\theta) & L+\Delta L\cos(2\theta) \end{bmatrix} \begin{bmatrix} \dfrac{\mathrm{d}i_{\alpha h}}{\mathrm{d}t} \\ \dfrac{\mathrm{d}i_{\beta h}}{\mathrm{d}t} \end{bmatrix} \tag{5-126}$$

式中，$L' = \begin{bmatrix} L - \Delta L\cos(2\theta) & -\Delta L\sin(2\theta) \\ -\Delta L\sin(2\theta) & L + \Delta L\cos(2\theta) \end{bmatrix}$ 为电感矩阵。

如果谐波电压和谐波电流已知，则可以根据电感矩阵计算出转子位置信息。

5.5　永磁辅助同步磁阻电机参数自整定策略

本节主要讨论永磁辅助同步磁阻电机环路设计及参数自整定策略，参数自整定策略一般分为两种，即基于模型的参数自整定和基于规则的参数自整定。本节主要讨论的是基于模型的参数自整定策略，它是基于控制理论根据被控对象的模型由参数整定计算公式得到环路控制参数的。基于模型的参数自整定的核心是准确地辨识出电机参数。

图 5-32 所示为永磁辅助同步磁阻电机和稀土永磁同步电机电感变化趋势，从图中可以看出稀土永磁同步电机 d、q 轴随电流变化较少，永磁辅助同步磁阻电机 d 轴由于磁路饱和，电感随电流增加而快速减少，容易导致电机控制精度降低，所以永磁辅助同步磁阻电机运行时必须进行参数自整定。

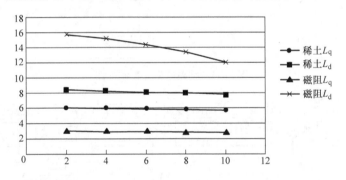

图 5-32　永磁辅助同步磁阻电机和稀土同步电机电感变化趋势图

下面详细介绍永磁辅助同步磁阻电机控制环路设计以及电机参数辨识。

5.5.1　永磁辅助同步磁阻电机控制环路设计

永磁辅助同步磁阻电机控制环路主要包括电流环和速度环，合理设计电流环和速度环参数，可以提高电机动态性能和稳定性。因电流环和速度环的实现方式太多，本书不一一介绍，本书所讨论的电流环和速度环都是基于 PI 控制实现的。

1. 电流环参数设计

电流环是永磁辅助同步磁阻电机系统构成的根本，其动态响应特性直接关系到矢量控制等策略的实现，直接影响整个系统的动态性能。电流环主要由电流调节器、永磁辅助同步磁阻电机、逆变器组成，其作用是使永磁辅助同步磁阻电机电枢绕组电流能实时、准确地跟踪电流指令。根据电流解耦控制的需要，电流环分为励磁电流环和转矩电流环，励磁电流环的目的是使永磁辅助同步磁阻电机在动态、静态过程中获得近似解耦，转矩电流环的目的是能够得到快速、高精度的转矩控制。虽然两个电流环是独立的，但由于转矩电流环和励磁电流环在控制方式上是相同的，故其控制参数设置一般也相同，在讨论电流环控制参数整定过程时，常以转矩电流环为研究对象。

（1）电流环控制框图。

电流环的控制对象为电流前向滤波、电流采样与滤波、PWM 逆变器以及永磁辅助同步磁阻电机的电枢回路。

永磁辅助同步磁阻电机励磁电流环和转矩电流环控制框图如图 5-33 和图 5-34 所示。

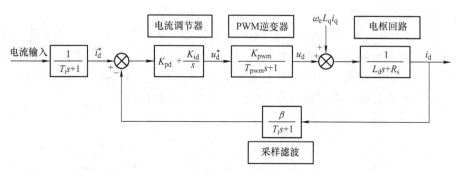

图 5-33　励磁电流环控制框图

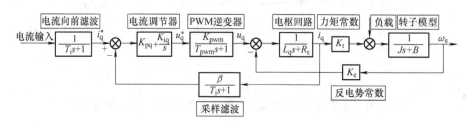

图 5-34　转矩电流环控制框图

（2）电流环各部分传递函数说明。

1）PWM 逆变器传递函数。

由谐波分析可知，采用 SPWM 调制时，逆变器输出线电压的基波分量为

$$u_{AB} = \frac{\sqrt{3}}{2} M U_d \sin\left(\omega t + \varphi + \frac{\pi}{6}\right) \tag{5-127}$$

逆变器输出相电压的基波分量为

$$u_A = \frac{1}{2} M U_d \sin(\omega t + \varphi) \tag{5-128}$$

式中 M——调制深度（正弦调制信号幅值与三角载波信号幅值之比）。

若给定正弦控制电压的幅值为 U_B，则三相脉宽调制逆变器的放大系数 K_{pwm} 为

$$K_{pwm} = \frac{MU_d}{2} / U_B \tag{5-129}$$

采用 SVPWM 调制时，逆变器输出线电压的基波分量为

$$u_{AB} = MU_d \sin\left(\omega t + \varphi + \frac{\pi}{6}\right) \tag{5-130}$$

逆变器输出相电压的基波分量为

$$u_A = \frac{1}{\sqrt{3}} MU_d \sin(\omega t + \varphi) \tag{5-131}$$

若给定正弦控制电压的幅值为 U_B，则三相脉宽调制逆变器的放大系数 K_{pwm} 为

$$K_{pwm} = \frac{MU_d}{\sqrt{3}} / U_B \tag{5-132}$$

故逆变器可以看成是一个纯滞后的放大环节，其放大系数为一常数。

逆变器的滞后作用可认为由开关器件关断延时、死区延时以及 DSP 处理延时 3 部分组成，其中以 DSP 处理延时为主。DSP 处理延时主要包括电流采样延时和 PWM 调制波更新延时两部分。

综上所述，PWM 逆变器环节的传递函数可近似为

$$G_{pwm}(s) = \frac{K_{pwm}}{T_{pwm}s + 1} \tag{5-133}$$

2）电枢回路传递函数。

电枢回路方程如式（5-11）和式（5-12），可以写成

$$\begin{cases} u_d = R_s i_d + L_d \dfrac{di_d}{dt} - \omega L_q i_q \\ u_q = R_s i_q + L_q \dfrac{di_q}{dt} + \omega(L_d i_d + \psi_{PM}) \end{cases} \tag{5-134}$$

拉普拉斯变换后整理得到 q 轴电枢回路的传递函数为

$$G_q(s) = \frac{I_q(s)}{U_q(s) - E_{PM}(s)} = \frac{1}{L_q s + R_s} \tag{5-135}$$

3）电流采样滤波传递函数。

电流采样环节可简化为比例环节，其放大系数为 β。

PWM 逆变器输出的电流（或电压）与来自电流检测单元的反馈信号中都含有交流高次谐波分量，易造成系统振荡，应该用低通滤波器进行滤波。电流中的

谐波分量主要来源于 PWM 逆变器，其边带谐波主要集中在 $(2\pi f_s \pm n\omega)$，其频率远小于 f_s，所以电流滤波时间常数 T_i 通常选择为 $T_i = (0.3 \sim 0.5) T_s$。

综上可得电流采样滤波环节的传递函数为

$$G_{\text{sample}}(s) = \frac{\beta}{T_i s + 1} \tag{5-136}$$

（3）电流环控制框图简化。

1）小惯性环节合并。电流采样滤波、PWM 逆变器控制滞后是造成电流环延迟的主要原因，这两个环节均可看成是小惯性环节，可以将其按照小惯性环节的处理方法，合并成一个小惯性环节 $T_\Sigma = (T_{\text{pwm}} + T_i)$。

2）忽略感应电动势影响。电机电枢回路可以看成一阶惯性环节，但是电机存在感应电动势，虽然它的变化没有电流的变化快，但它会影响电流环的调节。低速时，由于电动势的变化与电机转速成正比，因此相对于电流而言，在一个采样周期内，可以认为它是一个恒定扰动，其低速时的数值相对于直流电压而言较小，对于电流环的动态响应过程可以忽略不计。高速时，由电机电枢回路控制方程可以看出，由于逆变器直流电压为恒值，因此电机电动势随转速上升而增加，加在电枢绕组上的电压减小，电流变化率降低，实际电流和参考电流间将出现明显的幅值和相位的偏差，严重时（电机速度很高时），实际电流将无法跟踪参考电流的变化。

简化后的电流环开环传递函数如图 5-35 所示。

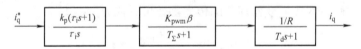

图 5-35 电流环开环传递函数

（4）电流调节器设计。

如图 5-35 所示，可以得到电流环开环传递函数为

$$G_I(s) = \frac{k_p(\tau_i s + 1)}{\tau_i s} \cdot \frac{K_{\text{pwm}}\beta}{T_\Sigma s + 1} \cdot \frac{1/R}{T_d s + 1} \tag{5-137}$$

为抵消大惯性环节对系统的延迟作用，提高电流环的响应速度，取 $\tau_i = T_d$（电气时间常数），则调节后电流环的开环传递函数为

$$G_I(s) = \frac{k_p K_{\text{pwm}}\beta/R}{\tau_i s(T_\Sigma s + 1)} \tag{5-138}$$

电流环开环增益 K 为

$$K = \frac{k_p K_{\text{pwm}}\beta}{L} \tag{5-139}$$

可以得到电流环 PI 调节参数如式（5-140）。

$$\begin{cases} k_{\mathrm{p}} = \dfrac{KL}{K_{\mathrm{pwm}}\beta} = \dfrac{KLI_{\mathrm{base}}}{U_{\mathrm{base}}} \\[3mm] k_{\mathrm{i}} = \dfrac{T}{\tau_{\mathrm{i}}} = \dfrac{T}{T_{\mathrm{d}}} = \dfrac{TR}{L} \end{cases} \tag{5-140}$$

2. 速度环参数设计

速度环设计直接影响电机系统的动态响应性能和电机速度输出范围。下面以 $i_{\mathrm{d}}=0$ 的控制方式来介绍速度环环路参数设计。因为电流环是内环，速度环是外环，所以电流环是速度环调节中的一个环节，电流环可以当做是惯性环节，实现降阶设计，得到

$$G_{\mathrm{I}}(s) = \frac{1}{(1/K_{\mathrm{a}})s + 1} \tag{5-141}$$

式中　$K_{\mathrm{a}} = K_{\mathrm{iq}}K_{\mathrm{pwm}}\beta/R_{\mathrm{s}}$。

速度环控制框图如图 5-36 所示。

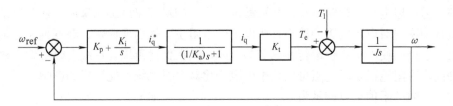

图 5-36　速度环控制框图

根据图 5-36 所示，速度环的开环传递函数可以写成

$$G_{\mathrm{S}}(s) = \frac{K_{\mathrm{p}}s + K_{\mathrm{i}}}{s} \frac{1}{\left(\dfrac{1}{K_{\mathrm{a}}}s + 1\right)} \frac{K_{\mathrm{t}}}{Js} = \frac{\left(\dfrac{K_{\mathrm{p}}}{K_{\mathrm{i}}}s + 1\right)K_{\mathrm{t}}}{\dfrac{J}{K_{\mathrm{i}}}s^2\left(\dfrac{1}{K_{\mathrm{a}}}s + 1\right)} \tag{5-142}$$

为实现速度无静差，将速度环校正成典型的 Ⅱ 型系统，得到

$$\begin{cases} h = \dfrac{K_{\mathrm{p}}/K_{\mathrm{i}}}{1/K_{\mathrm{a}}} \\[3mm] \dfrac{K_{\mathrm{t}}K_{\mathrm{i}}}{J} = \dfrac{h+1}{2h^2\left(\dfrac{1}{K_{\mathrm{a}}}\right)^2} \end{cases} \tag{5-143}$$

取 $h=5$，又由 $K_{\mathrm{a}} \approx \omega_{\mathrm{c}}$ 得到速度环的 PI 参数为

$$\begin{cases} K_{\mathrm{p}} = \dfrac{3\omega_{\mathrm{c}}J}{5K_{\mathrm{t}}} \\ K_{\mathrm{i}} = \dfrac{3\omega_{\mathrm{c}}^2 J}{25K_{\mathrm{t}}} \end{cases} \tag{5-144}$$

5.5.2 永磁辅助同步磁阻电机参数辨识

从式（5-140）和式（5-144）可以看出永磁辅助同步磁阻电机控制环路的 K_{p} 和 K_{i} 与永磁辅助同步磁阻电机的电感、电阻、转动惯量和转矩常数有关。如图 5-32 所示，永磁辅助同步磁阻电机在运行情况下，电机参数会随着温度、电流和频率的变化而变化，如果使用固定比例积分系数 K_{p} 和 K_{i}，则会导致电机性能变低、噪声增大、振动变大等不良现象的出现，因此为了获取更佳的电机控制精度和性能，必须使用参数辨识来提高 PI 参数整定的准确性。参数辨识一般有离线辨识法和在线辨识法，下面将详细介绍电机参数的在线辨识法。

1. 电阻在线辨识

在永磁辅助同步磁阻电机控制系统中，影响电机定子电阻的因素有温度和频率。但一般电机运行时频率在几百赫兹以下，相对于温度影响来说，在电机系统运行频率内对电阻的影响较小，所以定子电阻主要受温度影响，温度越高电阻越大，这样会使电机系统运行性能变差，尤其是在低速范围。在线实时辨识永磁辅助同步磁阻电机定子电阻可以减少电阻变化对电机系统性能造成的影响。

电阻的阻值可以表示为

$$R_{\mathrm{T}} = R_0 \left(1 + \alpha (T - T_0) \right) \tag{5-145}$$

式中　R_0——T_0 温度时电阻的阻值；

$\quad\quad\alpha$——材料的温度系数；

$\quad\quad R_{\mathrm{T}}$——实时电阻。

在线辨识永磁辅助同步磁阻电机定子电阻的方法有 PI 定子电阻估计器法和模型参考自适应法两种。

（1）PI 定子电阻估计器法。PI 定子电阻估计器法的原理是 PI 控制原理，根据电流的变化来估算电阻的变化，基本框图如图 5-37 所示。

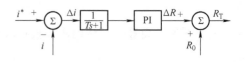

图 5-37　PI 定子电阻估计器

PI 定子电阻估计器的输入为定子电流矢量的误差 Δi。

$$\Delta R = K_{\mathrm{p}}\Delta i + K_{\mathrm{i}}\Delta i / s \tag{5-146}$$

当定子电阻发生变化时，定子电阻的变化会使电流矢量的幅值发生变化。实际电流矢量幅值与参考电流矢量幅值的误差用于估算定子电阻阻值的变化，直到电流误差为零。因此，定子电阻估计器的稳态误差为零。

（2）模型参考自适应法。

永磁辅助同步磁阻电机的状态方程可以表示为

$$\frac{\mathrm{d}i}{\mathrm{d}t} = -\frac{R_\mathrm{s}}{L_\mathrm{s}}i + \frac{u}{L_\mathrm{s}} - \frac{E}{L_\mathrm{s}} \tag{5-147}$$

考虑电机的电阻变化后，电机的可调模型可以表示为

$$\frac{\mathrm{d}\hat{i}}{\mathrm{d}t} = -\frac{\hat{R_\mathrm{s}}}{L_\mathrm{s}}\hat{i} + \frac{u}{L_\mathrm{s}} - \frac{E}{L_\mathrm{s}} \tag{5-148}$$

电机的误差模型可以表示为

$$\frac{\mathrm{d}\bar{i}}{\mathrm{d}t} = -\frac{R_\mathrm{s}}{L_\mathrm{s}}\bar{i} - \frac{\hat{R_\mathrm{s}} - R_\mathrm{s}}{L_\mathrm{s}}\hat{i} \tag{5-149}$$

设计李雅普诺夫函数为

$$V = \frac{1}{2}\left[\,\bar{i}^2 + (\hat{R_\mathrm{s}} - R_\mathrm{s})^2\,\right] \tag{5-150}$$

其微分形式为

$$\dot{V} = \bar{i}\,\dot{\bar{i}} + (\hat{R_\mathrm{s}} - R_\mathrm{s})(\hat{R_\mathrm{s}} - R_\mathrm{s})'$$

$$\dot{V} = -\frac{R_\mathrm{s}}{L_\mathrm{s}}\bar{i}^2 + \left[-\frac{\hat{R_\mathrm{s}} - R_\mathrm{s}}{L_\mathrm{s}}\bar{i}\hat{i} + (\hat{R_\mathrm{s}} - R_\mathrm{s})(\hat{R_\mathrm{s}} - R_\mathrm{s})'\right] \tag{5-151}$$

对于式（5-151）来说，第一项为负项，对于后几项来说，使其等于 0 就可以满足 $\dot{V} < 0$，因此后面几项可以分别表示为

$$\hat{R_\mathrm{s}} = R_\mathrm{s} + \frac{1}{L_\mathrm{s}}\int \bar{i}\hat{i}\mathrm{d}t \tag{5-152}$$

对于 e 和 R_s 来说，其变化率远低于电流变化率，因此永磁辅助同步磁阻电机电阻可以表示为

$$\hat{R_\mathrm{s}} = \frac{1}{L_\mathrm{s}}\int \bar{i}\hat{i}\mathrm{d}t = \frac{1}{L_\mathrm{s}}\int(\bar{i}_\alpha \hat{i}_\alpha + \bar{i}_\beta \hat{i}_\beta)\mathrm{d}t \tag{5-153}$$

2. 电感在线辨识

永磁辅助同步磁阻电机由于存在磁路饱和效应，电机电感随电机系统电流增大而减少，因此电机电感的变化会造成无传感算法估算的转子位置和转子速度误差越来越大，从而造成电机系统性能下降。电机电感在线辨识可以消除误差，提高电机系统性能。永磁辅助同步磁阻电机电感在线辨识方法主要有最小二乘法、扩展卡尔曼滤波法和模型参考自适应法。其中扩展卡尔曼滤波法和模型参考自适应法原理已在前面详细介绍过，下面主要介绍最小二乘法在永磁辅助同步磁阻电机在线参数辨识上的应用。

最小二乘法（Least Square Method）由著名科学家高斯提出，并将其应用到了行星和彗星运动轨道的计算中。高斯在计算行星和彗星运动轨道时，要根据望远镜所获得的观测数据，估计描述天体运动的6个参数值。高斯认为，根据观测数据推断未知参数时，未知参数的最合适数值应是这样的数值，它使各次实际观测值和计算值之间差值的二次方乘以度量其精确度的数值以后的和为最小。这就是最早的最小二乘法思想。

最小二乘法可用于动态系统，也可用于静态系统；可用于线性系统，也可用于非线性系统；可用于离线估计，也可用于在线估计。在随机的环境下，利用最小二乘法时，并不要求观测数据提供其概率统计方面的信息，而其估计结果，却有相当好的统计特性。最小二乘法容易理解和掌握，利用最小二乘法原理所拟定的辨识算法在实施上比较简单。在其他参数辨识方法难以使用时，最小二乘法能提供问题的解决方案。此外，许多用于辨识和系统参数估计的算法往往也可以解释为最小二乘法。所有这些原因使得最小二乘法广泛应用于系统辨识领域，同时最小二乘法也达到了相当完善的程度。

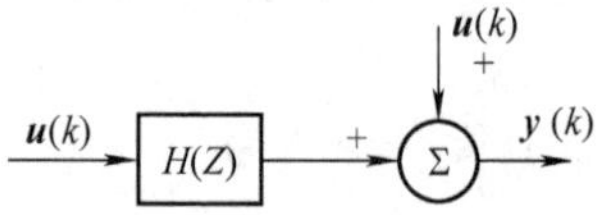

图5-38 最小二乘法原理框图

最小二乘法原理框图如图 5-38 所示。

对于一般离散系统有以下表达式：

$$y(k) + a_1 y(k-1) + \cdots + a_n y(k-n) = b_1 u(k-1) + \cdots + b_m u(k-m) + e(k)$$

$$(5\text{-}154)$$

在最小二乘法理论中，为了保证任何系统的辨识都能够用最小二乘法求解，需要令 $m = n$。通常 $m < n$ 时，系统模型误差、量化误差、模拟电路精度不够、噪声、干扰以及其他不确定因素在最小二乘法理论中统一归为残差 $e(k)$。

从式（5-154）可以得到

$$y(k) = -a_1 y(k-1) - \cdots - a_n y(k-n) + b_1 u(k-1) + \cdots + b_m u(k-m) + e(k)$$

$$(5\text{-}155)$$

$$y(k) = \boldsymbol{\varphi}^{\mathrm{T}}(k)\boldsymbol{\theta} + e(k) \tag{5-156}$$

式中

$$\boldsymbol{\varphi}(k) = [-y(k-1), \cdots, -y(k-n), u(k), \cdots, u(k-m)]^{\mathrm{T}}$$
$$\boldsymbol{\theta} = [a_1, \cdots, a_n, b_1, \cdots, b_m]^{\mathrm{T}} \tag{5-157}$$

设辨识参数向量为 $\hat{\boldsymbol{\theta}}$，则第 k 次观测值输出为 $\hat{y}(k) = \boldsymbol{\varphi}^{\mathrm{T}}(k)\hat{\boldsymbol{\theta}}$。

对于 n 次观测值，取性能指标函数为

$$J = \sum_{k=1}^{n} [y(k) - \boldsymbol{\varphi}^{\mathrm{T}}(k)\hat{\boldsymbol{\theta}}]^2 \tag{5-158}$$

使 J 达到最小，就能得到最小二乘法计算的辨识参数向量 $\hat{\boldsymbol{\theta}}$。

因此递推最小二乘（FFRLS）的递推估计式如下：

$$\begin{cases} \boldsymbol{K}_k = \boldsymbol{P}_{k-1}\boldsymbol{\varphi}_k(\boldsymbol{\varphi}_k^{\mathrm{T}}\boldsymbol{P}_{k-1}\boldsymbol{\varphi}_k + 1)^{-1} \\ \boldsymbol{\theta}_k = \boldsymbol{\theta}_{k-1} + \boldsymbol{K}_k(y(k) - \boldsymbol{\varphi}_k^{\mathrm{T}}\boldsymbol{\theta}_{k-1}) \\ \boldsymbol{P}_k = (\boldsymbol{I} - \boldsymbol{K}_k\boldsymbol{\varphi}_k^{\mathrm{T}})\boldsymbol{P}_{k-1} \end{cases} \tag{5-159}$$

式中，$\boldsymbol{P}_k$ 是协方差矩阵；$\boldsymbol{K}_k$ 是增益矩阵；$\boldsymbol{\theta}_k$ 是待估算参数矩阵。

由于在实际中，硬件实际内存会导致对末尾数据的舍去，在迭代中会对后续造成较大的误差影响，因此可在性能指标公式中加入遗忘因子，以便减轻过去值在结果中的权重，式（5-158）改写为

$$J = \sum_{k=1}^{n} \lambda^{n-k}[y(k) - \boldsymbol{\varphi}^{\mathrm{T}}(k)\hat{\boldsymbol{\theta}}]^2 \tag{5-160}$$

λ 是遗忘因子，取值范围一般为 $[0.95, 1]$，$\lambda = 1$ 代表对所有残差平等对待。当遗忘因子过小时，参数估计波动会很大；而当遗忘因子太大时，跟踪时变参数的能力就会很弱，从而使辨识结果受影响。

则含遗忘因子的递推最小二乘（FFRLS）的递推估计式如下：

$$\begin{cases} \boldsymbol{K}_k = \boldsymbol{P}_{k-1}\boldsymbol{\varphi}_k(\boldsymbol{\varphi}_k^{\mathrm{T}}\boldsymbol{P}_{k-1}\boldsymbol{\varphi}_k + \lambda)^{-1} \\ \boldsymbol{\theta}_k = \boldsymbol{\theta}_{k-1} + \boldsymbol{K}_k(y(k) - \boldsymbol{\varphi}_k^{\mathrm{T}}\boldsymbol{\theta}_{k-1}) \\ \boldsymbol{P}_k = \lambda^{-1}(\boldsymbol{I} - \boldsymbol{K}_k\boldsymbol{\varphi}_k^{\mathrm{T}})\boldsymbol{P}_{k-1} \end{cases} \tag{5-161}$$

根据式（5-11）和式（5-12）可以得出

$$\boldsymbol{u}_{\mathrm{q}} = R_s\boldsymbol{i}_{\mathrm{q}} + \frac{\mathrm{d}L_q\boldsymbol{i}_{\mathrm{q}}}{\mathrm{d}t} + \omega(L_d\boldsymbol{i}_{\mathrm{d}} + \boldsymbol{\psi}_{\mathrm{PM}}) \tag{5-162}$$

式（5-162）可以写成

$$\boldsymbol{u}_{\mathrm{q}} - \omega\boldsymbol{\psi}_{\mathrm{PM}} = [\begin{matrix} R_s & L_q & L_d \end{matrix}][\begin{matrix} \boldsymbol{i}_{\mathrm{q}} & p\boldsymbol{i}_{\mathrm{d}} & \omega\boldsymbol{i}_{\mathrm{d}} \end{matrix}]^{\mathrm{T}} \tag{5-163}$$

$$\begin{cases} y(k) = T_s\boldsymbol{u}_{\mathrm{q}}(k) - T_s\omega(k)\boldsymbol{\psi}_{\mathrm{PM}}(k) \\ \boldsymbol{\varphi}(k) = [\begin{matrix} T_s\boldsymbol{i}_{\mathrm{q}}(k) & \boldsymbol{i}_{\mathrm{d}}(k) - \boldsymbol{i}_{\mathrm{d}}(k-1) & T_s\omega(k)\boldsymbol{i}_{\mathrm{d}}(k) \end{matrix}]^{\mathrm{T}} \\ \boldsymbol{\theta}(k) = [\begin{matrix} \hat{R}_s(k) & \hat{L}_q(k) & \hat{L}_d(k) \end{matrix}] \end{cases} \tag{5-164}$$

3. 转动惯量在线辨识

采用含遗忘因子的递推最小二乘法在线辨识电机的转动惯量。

电机的机械运动平衡方程为

$$T_{\mathrm{e}} - T_{\mathrm{l}} = J\frac{\mathrm{d}\Omega}{\mathrm{d}t} + B\Omega \tag{5-165}$$

忽略摩擦力，将式（5-165）离散化后可得到

$$\Omega(k) - \Omega(k-1) = \frac{T_s}{J}[T_{\mathrm{e}}(k-1) - T_{\mathrm{l}}(k-1)] \tag{5-166}$$

也可以表示为

$$\Omega(k-1) - \Omega(k-2) = \frac{T_s}{J}[T_{\mathrm{e}}(k-2) - T_{\mathrm{l}}(k-2)] \tag{5-167}$$

在一个采样周期内可以认为负载转矩不变，式（5-166）减去式（5-167）得到

$$\Omega(k) - 2\Omega(k-1) + \Omega(k-2) = \frac{T_s}{J}[T_e(k-1) - T_e(k-2)] \quad (5\text{-}168)$$

根据式（5-156），可以选取

$$\begin{aligned}
\boldsymbol{y}(k) &= \Omega(k) - 2\Omega(k-1) + \Omega(k-2) \\
\boldsymbol{\varphi}(k) &= T_e(k-1) - T_e(k-2) \\
\boldsymbol{\theta}(k) &= \frac{T_s}{J(k)}
\end{aligned} \quad (5\text{-}169)$$

则含遗忘因子的电机转动惯量最小二乘的递推公式可写为

$$\begin{cases}
\boldsymbol{K}_k = \boldsymbol{P}_{k-1}\boldsymbol{\varphi}_k(\boldsymbol{\varphi}_k^{\mathrm{T}}\boldsymbol{P}_{k-1}\boldsymbol{\varphi}_k + \lambda)^{-1} \\
\dfrac{T_s}{\hat{J}(k)} = \dfrac{T_s}{\hat{J}(k-1)} + \boldsymbol{K}_k(\boldsymbol{y}(k) - \boldsymbol{\varphi}_k^{\mathrm{T}}\dfrac{T_s}{\hat{J}(k-1)}) \\
\boldsymbol{P}_k = \lambda^{-1}(\boldsymbol{I} - \boldsymbol{K}_k\boldsymbol{\varphi}_k^{\mathrm{T}})\boldsymbol{P}_{k-1}
\end{cases} \quad (5\text{-}170)$$

根据以上公式可以在线辨识出永磁辅助同步磁阻电机的相关参数，实时调节电机控制系统的参数，从而提高系统稳定性。

第6章 永磁辅助同步磁阻电机的应用

永磁辅助同步磁阻电机（PMAsynRM）结合了永磁同步电机与同步磁阻电机的结构特点，具有效率高、调速范围宽、结构简单、成本低等优点，已逐渐推广应用到各行业中。本章主要介绍永磁辅助同步磁阻电机在空调压缩机、新能源电动汽车及工业领域中的应用现状和前景。

6.1 在空调压缩机中的应用

空调制冷循环系统主要由压缩机、冷凝器、毛细管（膨胀阀）、蒸发器4部分组成，如图6-1所示。制冷剂在蒸发器（室内机）中吸热蒸发，经压缩机压缩成高温高压气体，然后在冷凝器（室外机）中释放热量变成液体，再经毛细管（膨胀阀）节流成低温低压的气液混合体进入蒸发器，从而实现整个制冷循环。

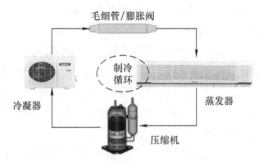

图6-1 空调制冷循环系统

目前市场上的空调分为定频空调和变频空调，定频空调在运行过程中依靠定频压缩机不断地开停来调节室内温度，其一开一停之间容易造成室温忽高忽低，并消耗较多电能。变频空调运用变频控制技术，首先根据环境温度自动调节到快速制热、制冷的运行模式，使居室在短时间内达到所需温度，然后自主切换到低转速、低能耗状态下运行，使温差波动较小，整个过程快速节能，实现舒适控温。

随着国家政策的大力引导以及人们节能意识的不断提升，近几年来，变频空调在我国的推广速度不断加快，已成为空调行业的发展趋势，变频压缩机作为变频空调的"心脏"，需求量与日俱增。

6.1.1 变频压缩机的特性要求

由于我国国土面积广阔，南北气候差异大，空调受不同环境及不同消费者使用习惯的影响，经常运行在快速制热制冷、连续起停、高负荷等工作状态。因此要求压缩机具有以下特性：

（1）高效节能。空调作为一种大功率家用电器，国家对其能效等级有明确的要求。

（2）调速范围宽。变频空调依靠改变变频压缩机转速的快慢调节室温，在室内外温差较大时高转速运行，实现快速制冷制热，达到设定温度后切换到低转速运行，保证精确控温，因此要求变频压缩机具有宽广的调速范围。

（3）结构紧凑、体积小、可靠性高。随着城市人口密度增加，住房面积减少，空调安装空间愈发狭小，通风散热条件也随之变差，因此对空调压缩机的体积大小及可靠性提出了更高要求。

（4）成本低。在保证能效的基础上，尽可能降低压缩机材料成本，特别是电机的成本。

（5）噪声小。空调噪声大小将直接影响用户体验，压缩机为空调的主要噪声激励源，噪声是其主要评价指标。

6.1.2　在变频压缩机中的应用

为满足变频压缩机高性能的要求，现有的变频压缩机中多采用稀土永磁同步电机，稀土消耗量巨大。然而，稀土属于国家重要战略储备物资，广泛应用于航天、核工业、石油化工等战略领域，由于前期的过度开采，以及开采过程中带来的大量环境问题，2011年起国家出台了稀土矿开采总量控制指标的政策，对稀土开采实施了严格管控。

为了摆脱变频空调对稀土资源的依赖，促进行业的可持续发展，高效变频压缩机电机的少稀土乃至无稀土技术成为行业研究热点。

永磁辅助同步磁阻电机是其中的典型代表，格力电器通过多年研究，于2011年成功研发出1~12HP空调压缩机用铁氧体永磁辅助同步磁阻电机，并应用于变频压缩机和空调产品中。

1. 永磁辅助同步磁阻电机结构参数及稳态性能分析

根据压缩机的应用场合及产品要求，格力电器分别开发了采用集中绕组和分布绕组的永磁辅助同步磁阻电机，其中集中绕组永磁辅助同步磁阻电机主要应用于2HP以下的家用变频空调压缩机，分布绕组永磁辅助同步磁阻电机应用于2HP以上的家用变频空调和商用变频空调压缩机。图6-2所示为永磁辅助同步磁阻电机与目标样机（永磁同步电机）的结构对比，永磁辅助同步磁阻电机的转子采用双层磁障结构，磁障内插入铁氧体永磁体。

永磁辅助同步磁阻电机与目标样机的主要设计尺寸见表6-1，永磁辅助同步磁阻电机的设计有以下特点：①由于铁氧体永磁体的剩磁低，电机铁心磁通密度较低，因此定子的齿部、轭部尺寸设计相对较小；②定子裂比设计相对较大，可以安装更多的永磁体，从而提高电机输出能力。

永磁辅助同步磁阻电机与目标样机的电感参数对比如图6-3所示，在相同电

图 6-2 电机结构对比

a) 集中绕组永磁辅助同步磁阻电机 b) 集中绕组永磁同步电机
c) 分布绕组永磁辅助同步磁阻电机 d) 分布绕组永磁同步电机

流下，永磁辅助同步磁阻电机的 d、q 轴电感差值 $L_d - L_q$ 比永磁同步电机大；随

表 6-1 电机的主要设计尺寸

参数	1HP 压缩机电机（集中绕组）		5HP 压缩机电机（分布绕组）	
	永磁辅助同步磁阻电机	永磁同步电机	永磁辅助同步磁阻电机	永磁同步电机
槽极数	9 槽 6 极	9 槽 6 极	36 槽 6 极	24 槽 4 极
外径/mm	112	112	139	139
铁心长度/mm	60	60	80	80
轭宽/mm	6	7	12	16.7
齿宽/mm	7.2	9.8	4	4.6
气隙长度/mm	0.45	0.5	0.45	0.5
转子外径/mm	59	52	84	73
永磁体结构	双层弧形	一字形	双层弧形	一字形
永磁体类型	铁氧体	稀土钕铁硼	铁氧体	稀土钕铁硼
材料成本[①]	0.7	1	0.8	1

① 基准值为永磁同步电机材料成本，即永磁同步电机材料成本为 1。

着电流的增加，永磁辅助同步磁阻电机的电感 L_d、L_q 的减小幅度比永磁同步电机大，主要是因为永磁同步电机使用了高性能稀土钕铁硼永磁体，空载时的主磁场磁饱和程度已经很高，所以电流增大对其的影响比使用铁氧体永磁体的永磁辅助同步磁阻电机小。

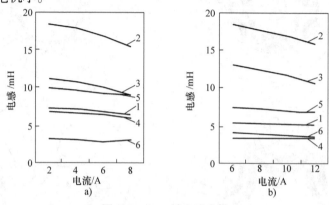

图 6-3　d、q 轴电感参数

a）集中绕组电机　b）分布绕组电机

1—永磁辅助同步磁阻电机 L_d　2—永磁辅助同步磁阻电机 L_q　3—永磁辅助同步磁阻电机 $L_d - L_q$

4—永磁同步电机 L_d　5—永磁同步电机 L_q　6—永磁同步电机 $L_d - L_q$

图 6-4 所示为永磁辅助同步磁阻电机与目标样机的矩角特性，永磁辅助同步

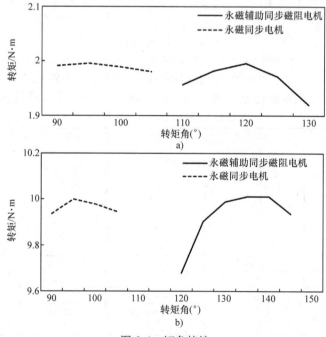

图 6-4　矩角特性

a）1HP 压缩机电机　b）5HP 压缩机电机

磁阻电机的最大转矩角大于永磁同步电机，分布绕组电机最大转矩角大于集中绕

组电机，这是由不同的 d、q 轴电感差值引起的，d、q 轴电感差值越大，最大转矩角越大，磁阻转矩的占比也越大。永磁辅助同步磁阻电机与目标样机的永磁转矩和磁阻转矩占比如图 6-5 所示。

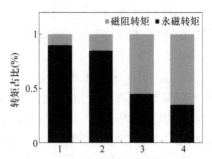

图 6-5　磁阻转矩与永磁转矩占比
1—集中绕组永磁同步电机
2—分布绕组永磁同步电机
3—集中绕组永磁辅助同步磁阻电机
4—分布绕组永磁辅助同步磁阻电机

2. 永磁辅助同步磁阻电机性能分析

为保证装配的可靠性和工艺性，压缩机电机定子与壳体之间通常为过盈配合。但在电机性能试验中，为保证装配的灵活性及通用性，电机定子与测试工装多采用间隙配合。因此，相比性能试验中的电机，压缩机中的电机定子会额外承受过盈配合产生的应力，导致电机铁损增加。

以 1HP 变频压缩机电机为研究对象，当过盈量为 0.1mm 时，永磁辅助同步磁阻电机与永磁同步电机在过盈配合与间隙配合时的铁损如图 6-6 所示，过盈配合时，两种电机的铁损值均明显增加，由于永磁同步电机的定子轭部磁饱和程度较高，因此过盈配合时的铁损增幅更大。由于过盈配合产生的应力对于不同电机的影响是有差异的，因此在进行压缩机电机效率评价时，必须考虑过盈配合的影响。

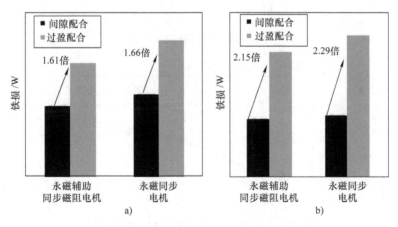

图 6-6　过盈配合与间隙配合时的铁损
a）中间制冷工况 26Hz　b）额定制冷工况 51Hz

本书在分析压缩机电机的性能时，将电机定子与压缩机壳体过盈配合后进行性能测试，装配后的定子如图 6-7 所示，电机性能测试系统如图 6-8 所示。

以某款 1HP 变频压缩机电机为例，按照 APF 能效评价的频率及转矩点进行性能测试，测试结果如图 6-9 所示。在中间制冷工况时，永磁辅助同步磁阻电机的效率比永磁同步电机低 0.5%，随运行频率的升高和负载转矩的增大，永磁辅助同步磁阻电机的效率增加幅度更

图 6-7　过盈配合装配后的定子

大，在中间制热和额定制冷工况时，两种电机的效率水平相当，到额定制热及低温制热工况时，永磁辅助同步磁阻电机的效率比永磁同步电机高 0.2%。

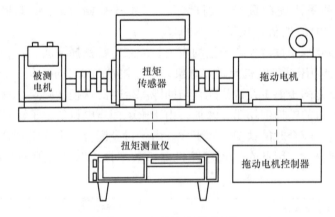

图 6-8　电机性能测试系统

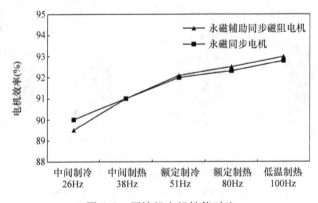

图 6-9　压缩机电机性能对比

图 6-10 所示为两种电机在中间制冷与额定制冷工况下的损耗分布。在中间制冷工况时，压缩机转速较低，铁损对总损耗的贡献量较小，铜损较小的永磁同步电机在效率上有优势，随着运行频率的升高，铁损占比逐渐增加，永磁辅助同步磁阻电机铁损小的优势逐渐凸显，因此在额定制冷工况下的效率较高。

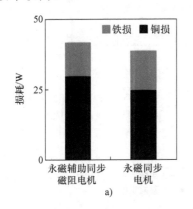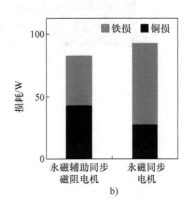

图 6-10　不同工况下铜铁损分布

a）中间制冷工况　b）额定制冷工况

3. 抗退磁分析

永磁辅助同步磁阻电机使用的是矫顽力较低的铁氧体永磁体，相比稀土永磁同步电机易出现退磁问题，需要重点评估。针对永磁辅助同步磁阻电机的抗退磁优化，本书第 3 章已有详细阐述，此处主要介绍电机的抗退磁评估及分析方法。

铁氧体永磁体的矫顽力随温度降低而减小，因此需要重点评估低温下的抗退磁能力，压缩机用永磁辅助同步磁阻电机的抗退磁试验一般在 - 30℃ 的低温环境中进行。将转子固定在最大去磁位置后，往定子绕组中通入某一大小的直流电，以产生反向的退磁磁场对电机进行退磁，通常以退磁前后电机磁链的变化率（即退磁率）作为衡量电机抗退磁能力的标准。退磁试验平台如图 6-11a 所示，主要包括低温箱和直流电源等。定子接线方式如图 6-11b 所示。

图 6-12 所示为永磁辅助同步磁阻电机和永磁同步电机退磁试验结果，这里以使电机退磁率达到 3% 时的电流大小作为衡量电机抗退磁能力强弱的标准。由图可知，永磁同步电机的退磁电流为 38A，相比之下，永磁辅助同步磁阻电机的抗退磁能力稍差，约为 35A，但与额定电流相比，退磁电流余量充足，能够满足变频压缩机的可靠性要求。

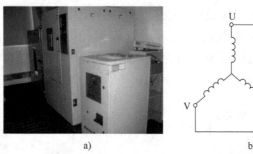
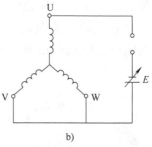

a)　　　　　　　　　　　　b)

图 6-11　退磁试验

a）退磁试验平台　b）定子接线图

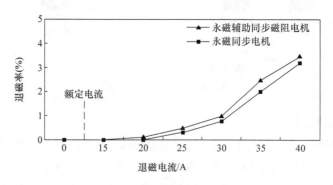

图 6-12　退磁测试对比

当空调在寒冷冬季使用时，空调外机内的压缩机所处环境温度较低，而铁氧体永磁体在低温下易产生退磁现象，通常采用绕组加热的方式进行改善。压缩机起动前，向定子绕组通入电流对转子中的永磁体预热，提高永磁体的矫顽力。绕组预热起动过程包括矢量定位、矢量加热、循环加热、电流闭环起动 4 个阶段，起动过程的电流波形如图 6-13 所示。

4. 变频压缩机性能及噪声评估

以 1HP 变频压缩机为研究对象，对采用永磁辅助同步磁阻电机和永磁同步电机的压缩机产品进行能效对比，具体能效见表 6-2。相比采用永磁同步电机的压缩机，采用永磁辅助同步磁阻电机的压缩机在中间制冷、中间制热工况下的能效降低 0.3% ~ 1%，而在额定制冷、额定制热和低温制热工况下的能效提高 1% ~ 1.5%。

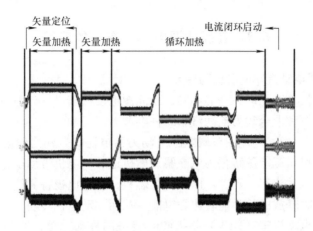

图 6-13　空调压缩机起动电流波形

表 6-2　压缩机能效对比[①]

测试工况	采用永磁辅助同步磁阻电机的压缩机	采用永磁同步电机的压缩机
中间制冷	0.99	1
中间制热	0.997	1
额定制冷	1.01	1
额定制热	1.015	1
低温制热	1.015	1

① 基准值为采用永磁同步电机的压缩机在各个工况点的能效。

对比两种电机的性能测试数据，可以看出，采用永磁辅助同步磁阻电机的压缩机在额定制冷、额定制热及低温制热工况下的性能优势增大，主要是因为压缩机运行在这 3 个工况时，压缩机排气温度升高，电机的运行环境温度随之升高，永磁转矩受温度影响下降较大，而磁阻转矩受影响较小，这对磁阻转矩占比较大的永磁辅助同步磁阻电机是有利的。

噪声是压缩机的重要评价指标，采用永磁辅助同步磁阻电机的压缩机在各频率点的噪声总值有 1～2dB 的优势，噪声总值见表 6-3。

表 6-3　压缩机噪声对比

测试频率	采用永磁辅助同步磁阻电机的压缩机	采用永磁同步电机的压缩机
40Hz	60.2dB	61.4dB
60Hz	63.4dB	64.9dB
80Hz	68.3dB	70.4dB

6.2　在新能源电动汽车中的应用

6.2.1　新能源电动汽车的类型与特点

　　根据动力技术和驱动原理的不同，新能源电动汽车可划分为纯电动汽车、燃料电池电动汽车和混合动力电动汽车 3 种类型。

　　纯电动汽车（EV）使用车载能源（动力蓄电池等）作为储能动力源，通过功率转换装置将车载能源转化为电能驱动电机运转，电机带动车轮旋转。

　　燃料电池电动汽车（FCV）以氢气为燃料，通过电极将氢气与大气中的氧气发生化学反应时释放的化学能转化为电能，从而驱动电机转动，推动汽车前进。

　　混合动力电动汽车（HEV）是指同时装备两种动力源，即热动力源（传统的汽油机或柴油机）与电动力源（电池与电机）的汽车。

　　上述 3 种新能源电动汽车均采用电机驱动，电机驱动相比于燃油机驱动，一方面调速范围更加宽广，另一方面因为不需要自动变速箱调速，所以简化了操作方式，降低了行驶过程中的噪声。因此，电动汽车与传统使用燃油机的汽车相比具有节能环保、结构简单、乘坐舒适性高等优势。

6.2.2　新能源电动汽车电机驱动系统

　　电动汽车的驱动系统包括电机驱动系统与机械传动系统两部分，电机驱动系统主要由电机、功率转换器、控制器、各种检测传感器以及电源等部分构成，如图 6-14 所示。电机驱动系统作为电动汽车的核心部件，其驱动特性直接影响汽车的主要性能指标。

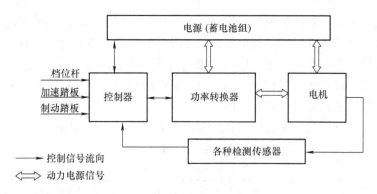

图 6-14　电机驱动系统的基本组成

6.2.3　新能源电动汽车电机的特性要求

　　汽车电机驱动系统运行工况复杂，车辆存在起动、加速、制动、上坡、下坡、转弯等众多随机出现的运行状态。这些运行状态的切换全部都由电机工作模式的改变来实现，电机工作模式因此较为多样，包括电机起动、电机调速、电机发电、电机制动、能量回馈等，这就要求电机具有如下特点：

1）低速大扭矩。为保证汽车的加速和爬坡性能，要求电机在低速运转时能够输出大扭矩。

2）尺寸小、功率密度高。受到安装空间和整车体积、重量的限制，紧凑的结构能够扩大车体可使用空间，提高乘车的舒适性。

3）效率高、高效区域广。保证电机在较宽的转速和转矩范围内都有很高的效率，以降低功率损耗，提高新能源电动汽车的续航能力。

4）实现能量回馈。车辆减速或制动时，车轮拖动电机旋转而产生的能量一般可达总能量的 10% ~ 15%，实现对此部分能量的回收会让新能源电动汽车变得更加节能。

5）控制精度高、动态响应快。能够适应快速变化的汽车运行状态。

6）可靠性与安全性高。电机工作环境恶劣，包括发动机舱的高温、整车的振动、电池电压剧烈的波动等，对电机的可靠性和安全性都提出了更高的要求。

7）高电压、低成本。在允许的范围内尽可能采用高电压，以减小电机本体的尺寸和配套的导线等材料的用量，特别是可以降低逆变器的成本。

6.2.4　应用案例

永磁电机相比电励磁电机具有结构紧凑、体小量轻、效率高、工作可靠等优点，因而被广泛应用于电动汽车上。特别是稀土永磁同步电机，由于稀土永磁体卓越的磁性能，其在电动汽车上的应用受到越来越多的关注，但稀土资源受调控限制，且成本较高，这是稀土永磁同步电机应用的隐患，而永磁辅助同步磁阻电机很好地解决了这个问题。本节将围绕永磁辅助同步磁阻电机在新能源电动汽车中的应用进行介绍。

1. 在新能源乘用车中的应用

日本大阪府立大学开发了一款用于混合动力汽车的永磁辅助同步磁阻电机，目标样机为一款稀土永磁同步电机，其主要参数及性能指标见表 6-4。由于电机测试系统功率限制，因此将整个开发过程分为两个阶段。第 1 阶段开发与目标样机功率密度相当的 5kW 永磁辅助同步磁阻电机；第 2 阶段通过等比放大原理，增加电机铁心长度，使开发样机最大功率与目标样机（50kW）一致。

表 6-4　目标电机参数及要求

电机参数	目标样机
外径/mm	269
铁心长度/mm	83.6

（续）

电机参数	目标样机
气隙长度/mm	0.8
绕组形式	分布绕组
最大输出功率/kW	50
最大转速/（r/min）	6000
功率密度/（kW/dm³）	10.5
最大效率（%）	95

第 1 阶段主要完成 5kW 永磁辅助同步磁阻电机的结构参数设计，对电机退磁、高速应力进行研究，并制作相应样机。电机定转子结构如图 6-15 所示，为提高电机磁阻转矩，转子永磁体呈 3 层排布，为获得较好的机械强度，在单层永磁体间设置加强筋。具体设计参数见表 6-5。

图 6-15　永磁辅助同步磁阻电机结构

表 6-5　永磁辅助同步磁阻电机设计参数

电机参数	开发样机
外径/mm	250
铁心长度/mm	20
气隙长度/mm	0.9
绕组形式	分布绕组
额定电流/A	25
最高转速/（r/min）	6000
目标额定功率/kW	5
目标最大功率/kW	10

图 6-16 和图 6-17 所示分别为第 1 阶段开发样机的电机转矩－转速特性和效

率图，开发样机运行在 2400r/min 时的输出功率达到目标额定功率 5kW，电机最高效率可达 95.5%，功率密度达到目标样机水平，完成第 1 阶段设计目标。

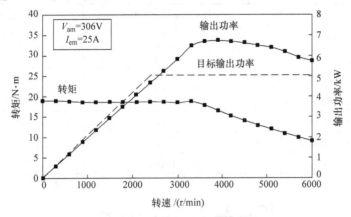

图 6-16 电机转矩 – 转速特性

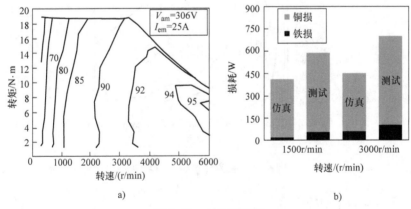

a)   b)

图 6-17 电机效率图

a）效率 MAP 图   b）仿真与实测损耗对比

第 2 阶段主要是按照几何相似定律对原型样机进行等比放大，即将铁心长度调整为第 1 阶段方案的 5.5 倍，使电机功率扩大到 50kW，电机等比放大如图 6-18 所示。第 2 阶段与第 1 阶段的设计参数对比见表 6-6。根据第 1 阶段样机的损耗测试数据折算出新电机的损耗，从而计算出电机效率，最终样机效率

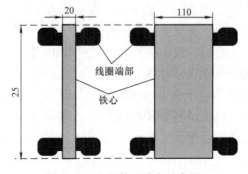

图 6-18 电机等比放大示意图

MAP 图如图 6-19 所示，最大效率达到 96.8%，满足设计要求。

表 6-6　第 2 阶段与第 1 阶段的设计参数

参数	第 1 阶段样机	第 2 阶段样机
铁心长度/mm	20	110
定子外径/mm	250	250
气隙长度/mm	0.9	0.9
额定电流密度/（A/mm²）	7.5	7.5
额定电流/A	25	137.5
每槽导体数	22	4
绕组电阻/Ω	0.262	0.0143

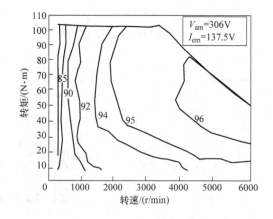

图 6-19　最终样机效率 MAP 图

2. 在电动客车中的应用

　　相比乘用车驱动电机，电动客车用驱动电机功率更大，耗用稀土更多，成本也更高。格力电器围绕永磁辅助同步磁阻电机在电动客车中的应用进行了大量的研究，下面以一款 8.5m 电动客车用驱动电机为研究对象进行介绍。

　　目标样机为一款电动客车用 80kW 稀土永磁同步电机，该电机采用分布绕组，转子采用单层 V 形永磁体结构，电机结构如图 6-20 所示，主要参数及性能指标见表 6-7。

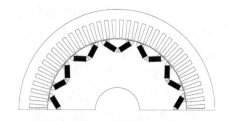

图 6-20　目标样机结构

表 6-7　目标样机参数及要求

电机参数	目标样机
定子外径/mm	380
铁心长度/mm	220
槽极配合	72 槽 12 极
转子外径/mm	278
额定转矩/N·m	1130
额定转速/（r/min）	760
最大转矩/N·m	1800
最大转速/（r/min）	3000
最大效率（%）	95

开发样机为永磁辅助同步磁阻电机，研究人员在转矩密度提升、转矩脉动抑制、抗退磁能力提高等方面进行了优化设计。采用 U、V 混合式双层永磁体结构，充分利用转子空间提高电机转矩密度；采用转子极弧系数优化、转子偏心、磁极不对称等措施降低转矩脉动；通过调整局部易退磁位置的永磁体厚度与永磁体切边等手段提高抗退磁能力。最终开发的电机结构如图 6-21 所示，主要设计尺寸见表 6-8。

图 6-21　开发样机结构

表 6-8　开发样机主要尺寸

电机参数	开发样机
绕组形式	分布绕组
极槽配合	72 槽 12 极
定子外径/mm	380
铁心长度/mm	220
转子外径/mm	245

图 6-22 所示为两款电机的矩角特性。可以看出，由于永磁辅助同步磁阻电机的磁阻转矩占比大，因此其额定转矩下的转矩角大于稀土永磁同步电机。

图 6-23 所示为两款电机输出额定转矩时的转矩波形。可以看出，开发样机的转矩脉动较小，约为目标样机的 60%。

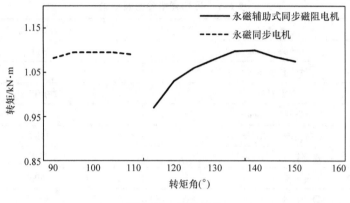

图 6-22 矩角特性

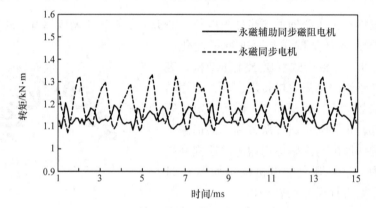

图 6-23 输出额定转矩时的转矩波形

图 6-24 所示为开发样机退磁率随退磁电流变化的曲线，由于电动汽车对驱动电机的可靠性要求较高，因此一般以开始退磁时的电流大小作为抗退磁能力强弱的衡量标准。开发样机开始退磁时的电流达到额定电流的 2 倍，满足电动客车的使用要求。

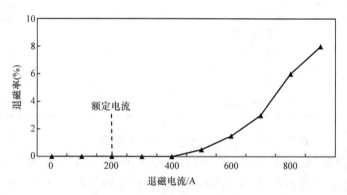

图 6-24 退磁率随退磁电流的变化

表 6-9 给出了两款电机的性能指标，在额定功率下，开发样机可以达到目标样机效率与功率密度的水平，且成本降低了 17%。说明开发样机能够满足电动客车的使用要求，并且相比于永磁同步电机具有更高的性价比。

表 6-9　电机性能指标对比

性能指标	开发样机	目标样机
额定电流/A	220	220
额定转速/（r/min）	730	730
输出功率/kW	80	80
仿真效率（%）	95.6	95.7
铜损/kW	1.5	1.3
铁损/kW	0.37	0.48
其他损耗/kW	1.8	1.8
功率密度/（kW/dm³）	6.03	6.03
材料成本[①]	0.83	1

① 基准值为目标电机的材料成本

6.3　在工业领域中的应用

工业电机及其控制系统已广泛应用于我国能源、化工、冶金、建材等领域，是我国工业发展的基础。中国产业信息网发布的《2014—2019 年中国电机市场前景评估及行业前景预测报告》显示，目前我国工业电机用电约占工业用电的75%，高效电机的应用推广对工业领域的节能具有重要意义。

6.3.1　电机能效标准

为协调各国能效标准，国际电工委员会（IEC）于 2006 年制定了新的电机能效标准 IEC60034 - 30，该标准将电机能效分为 IE1、IE2、IE3 和 IE4 4 个等级，其中 IE1 为标准能效，IE2 为高能效，IE3 为超高能效，IE4 为超 - 超高能效。

6.3.2　工业电机应用案例

1. 在风机中的应用

商用风管机组内机使用的风扇电机一般为三相异步电机，无法在各个静压下同时实现最佳效率运行。格力电器开发了一款应用在风管机组内机（图 6-25）中的永磁辅助同步磁阻电机，该电机可以根据实际的风量需求调节转速，实现在不同静压下的最优效率运行，降低系统能耗。

开发的永磁辅助同步磁阻电机定转子结构如图 6-26 所示，电机采用分布绕组，转子采用双层弧形永磁体结构。与目标样机（三相异步电机）的主要参数对比见表 6-10，由于永磁辅助同步磁阻电机功率密度大，电机尺寸较小，并且使用了成本较低的铁氧体永磁体，因此材料成本相比开发样机减少约 12%。

图 6-25 风管机组内机结构

图 6-26 风机定转子结构

表 6-10 电机参数对比表

参数	开发样机	对比样机
槽极数	36 槽 6 极	36 槽 4 极
防护等级	IP55	IP55
额定功率/kW	2.2	2.2
外径/mm	165	165
轴径/mm	38	38
铁心长度/mm	65	115
绕组形式	分布绕组	分布绕组
永磁体结构	双层弧形	—
永磁体材料	铁氧体	—
材料成本[①]	0.88	1

① 基准值为目标电机的材料成本

由于永磁辅助同步磁阻电机功率密度高、尺寸小，因此可以设计为双出轴结构，如图 6-27 所示。电机安装在两侧进风口之间，省去了传动系统，减少了传动损失，同时使风管机组内机更加紧凑、高效。

图 6-27 电机双出轴结构

　　两款电机性能对比如图 6-28 所示，永磁辅助同步磁阻电机比三相异步电机整体效率高 5% 左右。图 6-29 所示为两款电机的损耗对比，由于永磁辅助同步磁阻电机没有无功励磁电流，转子上也不存在电阻损耗，因此在定子损耗和转子损耗上有明显优势。

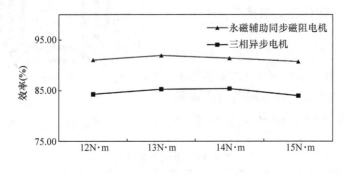

图 6-28　电机效率对比

　　−30℃ 环境下永磁辅助同步磁阻电机的退磁试验结果如图 6-30 所示，退磁率达到 3% 时的电机退磁电流约为 35A，为额定运行电流的 7 倍，满足可靠性要求。

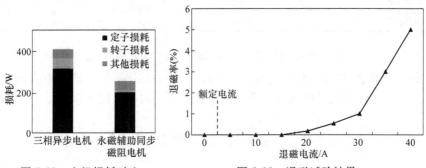

图 6-29　电机损耗对比　　　　　　　图 6-30　退磁试验结果

　　温升是评判电机的重要指标，根据国家标准 GB/T 5171 进行温升试验，表 6-11 为温升试验结果。可以看出，永磁辅助同步磁阻电机在不同测试电压下的温升都低于三相异步电机。

表 6-11　温升实验结果对比

电机类型	永磁辅助同步磁阻电机		三相异步电机	
环境温度/℃	28.4	28.4	26.4	26.4
测试电压/V	437	285	437	285
机外静压/Pa	250	250	250	250
风量/（m³/h）	7700	7700	7700	7700
温升/℃	52.3	48.1	64.9	61.6

2. 在水泵电机中的应用

瑞典皇家理工学院的学者开发了一款水泵用11kW永磁辅助同步磁阻电机。电机模型如图6-31所示，电机结构为36槽4极，永磁体呈3层排布，使用铁氧体永磁体。

开发的永磁辅助同步磁阻电机与对比样机（三相异步电机）的效率见表6-12。在额定功率下永磁辅助同步磁阻电机比同功率的三相异步电机效率高4.6%。

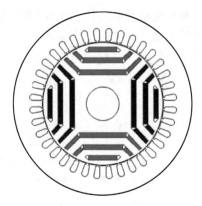

图 6-31 电机结构

表 6-12 电机效率对比

参数	永磁辅助同步磁阻电机	三相异步电机
功率/kW	11	11
功率因数	0.92	0.76
永磁体类型	铁氧体	—
效率（%）	92.6	88

ABB集团在2012年推出一款永磁辅助同步磁阻电机产品，此产品在同步磁阻电机的基础上，在内部添加铁氧体永磁体，灵活运用了同步磁阻电机及永磁同步电机的特性，实现了电机高效化，该电机效率超过IE4能效水平。

6.4 总结与展望

在世界范围内，永磁辅助同步磁阻电机已受到电机从业人员的广泛关注。过去的二十多年中，经过学术界与工程界的共同努力，在永磁辅助同步磁阻电机的设计理论、计算方法和结构工艺等方面都取得了突破性的进展，形成了以等效磁路解析法与有限元分析法相结合的一整套分析研究方法。

永磁辅助同步磁阻电机转矩密度高、功率因数大、调速性能优，并且仅使用少稀土或无稀土永磁体，成本低廉，因此已在空调领域得到了良好的应用，并且越来越多地应用到其他工业领域中。

随着永磁辅助同步磁阻电机的优良特性为越来越多的企业技术研究人员所认可，展望未来，其必将在新能源汽车、家用电器、舰船动力和工业设备等行业占有重要地位，推动全球节能环保事业的进步。

附　　录

附录 A　电机测试方法

A.1　感应电动势常数测试方法

测取电机空载转速为 n 时的线感应电动势 U，用式（A-1）计算感应电动势常数。

$$K_e = \frac{U}{(2\pi/60)\,n} \qquad\qquad (A\text{-}1)$$

式中　K_e——感应电动势常数（V·s/rad）；

$\quad\quad U$——线感应电动势（V），正弦波驱动电机用线感应电动势有效值，方波驱动电机用线感应电动势幅值；

$\quad\quad n$——电动机的转速（r/min）。

A.2　转子的转动惯量测试方法

测量电机转子转动惯量时，应根据电机转子结构特点，选用适当的转子转动惯量测量方法，表 A-1 为不同测量方法的选择提供参考。这里仅介绍常用的计算法与单钢丝扭转振荡法，其余方法可参考 GB/T 30549—2014。

表 A-1　转子的转动惯量测试方法

试验方法	主要应用
计算法	电机转子形状规则且质量分布均匀的电机转子
单钢丝扭转振荡法[①]	对转子转动惯量测量精度要求较高时
双线悬吊法[①]	对质量较小的转子且测量精度要求较高时
三线悬吊法[①]	适用于转子质量特别小的电机转子转动惯量测量
落重法	电机整机或大电机转子转动惯量测量。使用该方法测量转子带永磁体的电机转子转动惯量时，应考虑定子涡流影响

[①] 此方法对带有永磁体的转子测量时，由于受地磁场影响，测量误差可能比较大，应慎重选择。

一、计算法

按照物理学定义，物体转动惯量的基本单元是物体质量基本单元与物体质心到转轴距离二次方的乘积。数学表达式如式（A-2）所示。

$$\Delta J = \Delta m r^2 \qquad\qquad (A\text{-}2)$$

式中　ΔJ——转动惯量基本单元（kg·m^2）；

　　　Δm——物体质量基本单元（kg）；

　　　r——物体质心到转轴距离（m）。

对于电机转子，可将其看作是由不同直径和长度的圆柱体叠加而成的，只要计算出每一个圆柱体绕轴线的转动惯量，然后将这些转动惯量求和，就可以求出整个电机转子绕轴线的转动惯量。举例如下，设某圆柱体如图 A-1 所示，外圆半径为 R，质量为 M，假定其密度为 ρ 且均匀，长度为 H，则按式（A-3）并参照图 A-1 有

$$\Delta J = \Delta mr^2 = 2\pi r\Delta rH\rho r^2 = 2\pi H\rho r^3\Delta r \qquad (A-3)$$

$$J_i = \int_0^R \Delta J = \int_0^R 2\pi H\rho r^3\,\mathrm{d}r = \frac{\pi R^2 H\rho}{2}R^2 = \frac{1}{2}MR^2 \qquad (A-4)$$

计算实际电机转子转动惯量时，先将待测电机转子不同圆柱体直径 R 与长度一一测出，求出各段圆柱体体积，按各段所含材质及量的大小等因素估算其密度 ρ 后，可求出其质量 M，然后利用式（A-4）求出各段圆柱体绕转轴的转动惯量 J_i，最后电机转子的转动惯量 J 可按式（A-5）求出

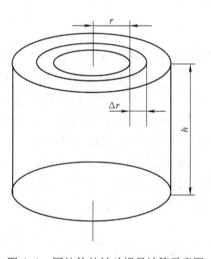

$$J = \sum_{i=1}^{n} J_i \qquad (A-5)$$

式中，$i = 1, 2, \cdots, n$，n 为转子分段数。

二、单钢丝扭转振荡法

根据物理学原理，悬挂在弹性钢丝下端的物体绕钢丝扭转一个适当的角度后，

图 A-1　圆柱体的转动惯量计算示意图

若不计周围介质阻力和振动影响，则物体做简谐扭转振荡。若物体振荡周期为 T，钢丝扭转弹性模量为 E，则根据简谐振动原理，物理转动惯量 J 可按式（A-6）计算

$$J = \frac{ET^2}{(2\pi)^2} \qquad (A-6)$$

从式（A-6）可以看出，做简谐扭转振荡的物体，其转动惯量与振荡周期的二次方成正比。若令电机转子转动惯量为 J_1，则振荡周期为 T；假转子（选择质量密度均匀的金属材料，将其加工成规则几何形状且重量和直径最好和被测试电机转子相似的圆柱体）的转动惯量为 J_2，振荡周期为 T_2。在振荡条件相同时，电机转子转动惯量 J_1 可按式（A-7）计算

$$J_1 = \frac{T_1^2}{T_2^2} J_2 \qquad\qquad (\text{A-7})$$

　　测量前按所测电机转子重量选择适当直径与一定长度（对微电机一般选择0.5m）的钢丝，此钢丝应能承受被测电机转子或假转子重量，并且受力后不产生轴向变形。按计算方法求出假转子的转动惯量 J_2。

　　如图 A-2 所示，将假转子可靠地悬挂在钢丝的一端，钢丝的另一端固定在支架上。必须将钢丝的轴线与假转子的轴线同心且垂直地面。

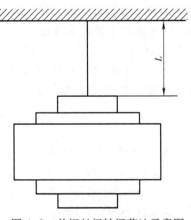

　　待假转子静止后，把假转子扭转一个适当的角度，仔细测取若干往复振荡次数与时间，求出振荡周期的平均值 T_2。换上被测电机转子，其他条件保持不变，求得被测电机转子振荡周期的平均值 T_1。然后利用式（A-7）计算求得被测电机转子转动惯量 J_1。

图 A-2　单钢丝扭转振荡法示意图

A.3　电气时间常数测试方法

　　在电机定子绕组两端加以 1000Hz 的正弦交流电源，如图 A-3 所示，调整电压，使电流达到产品专用技术条件规定的数值，测量有功功率，缓慢地转动转子，分别找出最大电感值与最小电感值的位置，按式（A-8）计算出每两相绕组间最大电感值 $L_{\max}$ 和最小电感值 $L_{\min}$，并以此求出平均电感值 L_{av}。也可以采用其他等效方法测量电感。

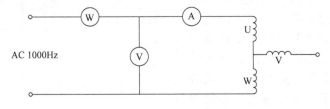

图 A-3　交流阻抗测试接线图

$$L = \frac{1}{2\pi f} \times \frac{\sqrt{(UI)^2 - P^2}}{I^2} \times 10^{-3} \qquad\qquad (\text{A-8})$$

式中　　U——绕组两端施加的电压（V）；

　　　　P——实测有功功率（W）；

　　　　I——实测电流（A）；

　　　　L——线间电感（mH）。

电机的平均电气时间常数由式（A-9）求得

$$\tau_{\mathrm{e}} = \frac{L_{\mathrm{av}}}{R}$$ （A-9）

式中　τ_{e}——电机的平均电气时间常数（ms）；

L_{av}——电机绕组平均电感（mH）；

R——电机线电阻（Ω）。

A.4　转矩波动系数测试方法

在稳定工作电压下，电机施加额定转矩，并在产品专用技术条件规定的最低转速下运行，用转矩测试仪测量并记录电机在一转中的输出转矩，找出最大转矩与最小转矩，按式（A-10）计算电机的转矩波动系数。

$$K_{\mathrm{Tb}} = \frac{T_{\max} - T_{\min}}{T_{\max} + T_{\min}} \times 100\%$$ （A-10）

式中　K_{Tb}——转矩波动系数（%）；

$T_{\max}$——最大转矩（N·m）；

$T_{\min}$——最小转矩（N·m）。

A.5　齿槽转矩测量方法

常见的测量齿槽转矩的方法有测电压法、转矩仪法和电子秤法。这里仅介绍前两种。

一、测电压法

测试系统框图如图 A-4 所示，它主要由步进电机、机械分度头及电参数测量仪组成。步进电机和被测电机转子轴作刚性连接，机械分度头爪夹住步进电机的外壳，控制步进电机转过角度。在步进电机中如果给其中一相绕组通直流电，其他两相绕组通交流电压，则由于步进电机中三相绕组间的耦合关系，会在通直流电的绕组

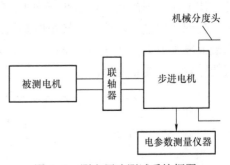

图 A-4　测电压法测试系统框图

上产生感应电动势，感应电动势的大小取决于步进电机中的气隙磁通。根据步进电机的矩角特性，静态时外加力矩的大小跟失调角有关，而失调角决定转子位置，直接影响气隙磁通。利用这一原理，可通过检测步进电机通直流电绕组上的感应电动势得出被测电机的齿槽转矩。

用该方法测试，首先测得步进电机感应电动势随力矩变化的曲线，然后连接被测电机，转动分度头，选取采样点，从电压表上读取步进电机通直流电绕组上的电压，计算出感应电动势，根据感应电动势，查步进电机感应电动势-力矩曲线，得到该采样点的齿槽转矩。使用该方法可以在齿槽转矩的一个周期内进行多

采样点测量，但试验方法复杂，操作麻烦，步进电机感应电动势与力矩的曲线精度不高，测量误差较大。

二、转矩仪法

图 A-5 所示为采用转矩仪测量齿槽转矩的系统框图，将步进电机、转矩仪和样机紧固连接在同一轴线上，通过控制脉冲数使步进电机精确地将样机转子旋转一定角度后，步进电机利用自身的保持转矩作为转矩仪的一个固定端，这样齿槽转矩就作用在转矩仪上，读出转矩值即可。

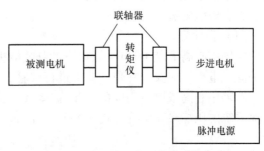

图 A-5　采用转矩仪测量的系统框图

在系统框图中采用步进电机拖动测量齿槽转矩，测量操作简单，但要求有高精度的步进电机及配套的脉冲电源。转矩仪也需要合适的联轴器与电机连接，并且要有相应的测量精度。

A. 6　温升测试方法

将电机安装在标准试验支架上，避免通过轴伸及与其所连接的物体进行热量传递，并且不受外界热辐射及气流的影响。

电机在室温下达到稳定非工作温度，测量规定绕组的直流电阻 R_1，并记录此时的室温 t_1，然后在额定点或连续堵转点下运行至稳定工作温度，测量同一绕组的直流电阻 R_2，并记录此时的室温 t_2。温升按式（A-11）计算

$$\theta = \frac{R_2 - R_1}{R_1}(235 + t_1) + (t_1 - t_2) \tag{A-11}$$

注：对铜绕组，温度常数为 235。对铝绕组，应由 225 代替。

式中　θ——电机的温升（K）；

　　　R_1——温度为 t_1（冷态）时的绕组电阻（Ω）；

　　　R_2——温度为 t_2 时的绕组电阻（Ω）；

　　　t_1——测量绕组初始电阻 R_1 时的温度（℃）；

　　　t_2——温升实验结束时的温度（℃）。

A. 7　噪声测试方法

电机噪声测试对于测试环境、电机安装、测点布置以及声压级和声功率级修正计算等都有严格的要求，下面针对每一部分分别介绍。

一、测试环境

测试须在半消声室进行，室温为（20 ± 10）℃，无其他噪声源。消声室应尽量保持空旷，不应存在较大的物体，减小声波反射。在测试区域内应无妨碍声波扩散的一切障碍物。

地面应为硬地坪，对声波有足够的反射，在任何情况下，电机的底脚应尽可能接近反射地坪，其底脚平面高于地平面的高度应不超过50mm；弹性垫的面积应不大于按基准体法投影面积的1.2倍。

二、电机安装

（1）弹性安装。

对轴中心高 H 为400mm及以下的卧式电机或电机高度的一半为400mm及以下的立式电机，应安放在弹性垫上进行试验。

对轴中心高或电机高度的一半为250mm及以下的卧式或立式电机，其弹性支撑系统的压缩量 δ 应符合式（A-12）的要求

$$15\left(\frac{1000}{n}\right)^2 < \delta < \varepsilon z \qquad (A\text{-}12)$$

式中　δ——电机放置后弹性系统的实际变形量（mm）；

n——电机的转速（r/min）；

ε——弹性材料线性范围系数，对乳胶海绵 $\varepsilon = 0.4$；

z——弹性材料压缩前的自由高度（mm）。

为保证弹性垫受压均匀，被试电机与弹性垫之间应放置有足够刚性的过渡板。电机底脚平面与水平面的轴向倾斜角度应不大于5°。

当刚性过渡板产生附加噪声时，必须设法消除附加噪声。过渡板的平面尺寸应和弹性垫基本相同。

对于轴中心高或电机高度的一半大于250mm但不超过400mm的卧式或立式电机，弹性垫可以不按式（A-12）的要求，而直接采用橡胶板作弹性垫（推荐用两块12mm厚、含胶量为70%的普通橡胶板相叠而成）。

当采用弹性悬吊系统时，其拉伸量也按上述规定。

（2）刚性安装。

对轴中心高或电机高度的一半超过400mm的卧式或立式电机，应采用刚性安装。此时，安装平台、基础和地基三者应刚性连接。安装平台和基础应不产生附加噪声或与电机共振。

三、测量点配置方式

（1）半球面法的测点配置。

本方法适用于轴中心高或电机高度的一半为225mm及以下，电机长度（不包括轴伸长度）为轴中心高的3.5倍及以下的电机。测点一般为5点，其中第1～4测点的高度为250mm，测点的配置按图A-6的规定，测量半径 r 由下列情况决定：

1）对轴中心高或电机高度的一半为90mm及以下的电机，测量半径 r 为0.4m，第5测点一般可以取消；

2）对轴中心高或电机高度的一半大于90mm但不超过225mm的电机，测量半径 r 为1m。

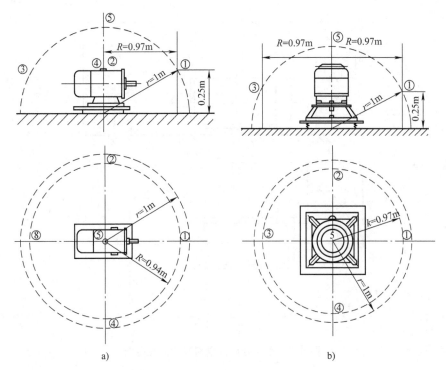

图 A-6　半球面法电机噪声测点分布

a）卧式电机　b）立式电机

（2）半椭球面法的测点配置。

本方法适用于轴中心高大于 90mm 但不超过 225mm，电机长度（不包括轴伸长度）大于轴中心高 3.5 倍的电机。测点一般为 5 点，其中第 1～4 测点的高度为 250mm。测点与电机外壳的距离 d 为 1m，测点的配置按图 A-7 的规定。

（3）等效矩形包络面法的测点配置。

本方法适用于轴中心高或电机高度的一半大于 225mm 的电机。测点的配置按图 A-8 的规定，水平面测点高度为轴中心高（但应不低于 250mm），测点与电机外壳的距离 d 为 1m。

当按上述测点布置方法进行测量，相邻两测点 A 计权声压级的差值为 5dB 及以上时，应该在两侧点间的测量面上增加测点，直至小于 5dB 为止。

四、测量要求

轴伸端有键槽的电机，测量噪声时应填充一个半键。按照以上要求进行安装布点之后，起动电机，使被测电机空载运行，待运行稳定之后进行测量并采集数据。

五、声压级和声功率级计算

对于 A 计权声压级和声功率级的计算，以及背景噪声的修正，按照国标 GB/T 6882—2016 规定的方法进行修正计算。

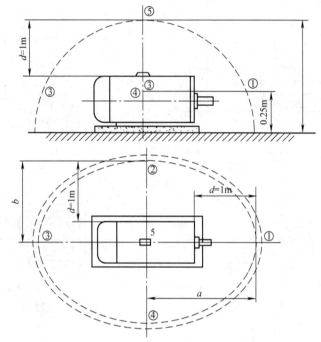

图 A-7 半椭球面法电机噪声测点分布

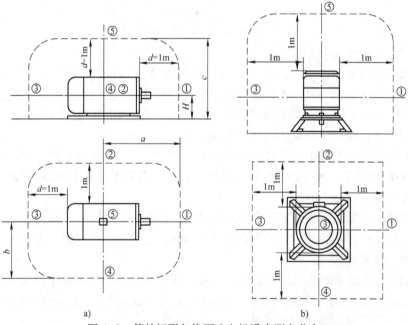

a)

b)

图 A-8 等效矩形包络面法电机噪声测点分布

a) 卧式电机 b) 立式电机

附录 B　常用硅钢片磁化曲线及铁损曲线

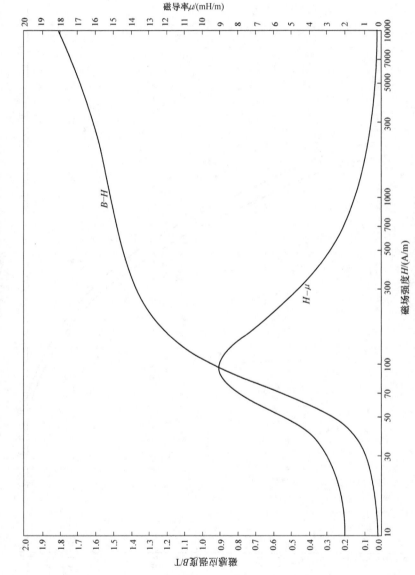

图 B-1　0.35mm 300 牌号硅钢片磁化曲线

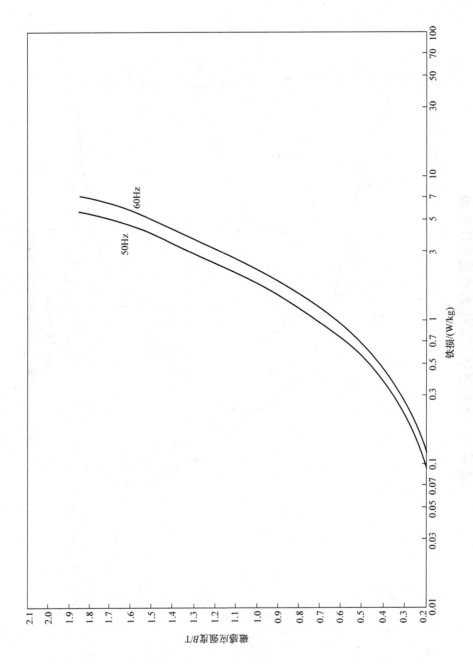

图 B-2　0.35mm 300 牌号硅钢片铁损曲线

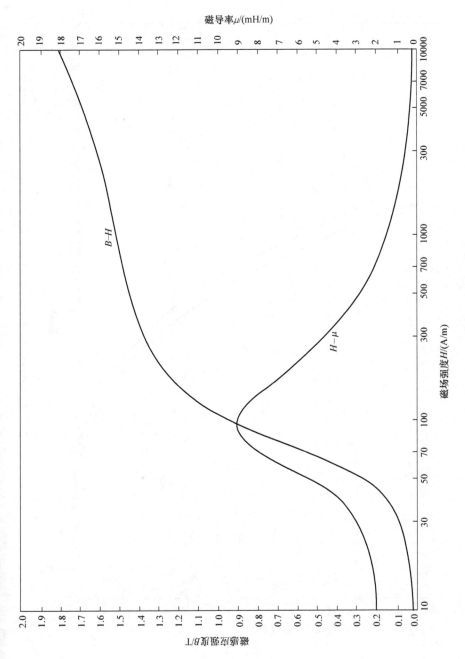

图 B-3　0.5mm 470 牌号硅钢片磁化曲线

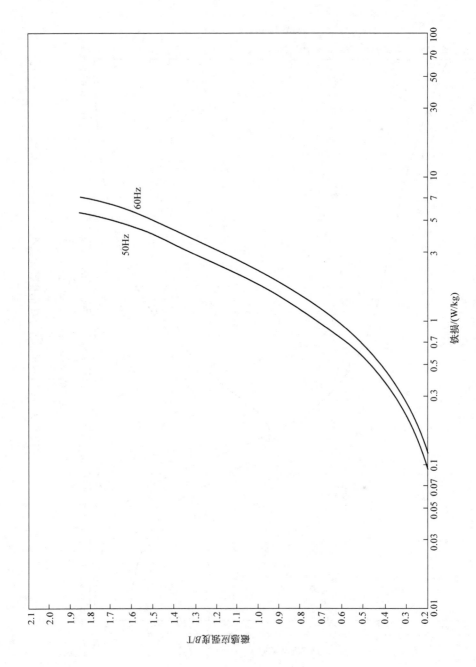

图 B-4　0.5mm 470 牌号硅钢片铁损曲线

附录 C　常用永磁体的性能参数及退磁曲线图表

表 C-1　常用烧结稀土钕铁硼永磁体性能参数表

材料牌号	剩磁 /T	矫顽力 /(kA/m)	内禀矫顽力 /(kA/m)	最大磁能积 /(kJ/m³)	最大工作温度 /℃
N27 以下	1.02 以下	796 以下	955	223 以下	80
N27	1.02~1.09	796	955	199~231	80
N30	1.08~1.15	796	955	223~255	80
N33	1.13~1.18	836	955	247~270	80
N35	1.17~1.22	868	955	263~287	80
N38	1.22~1.27	899	955	287~310	80
N40	1.25~1.30	923	955	302~326	80
N42	1.28~1.34	923	955	318~342	80
N45	1.33~1.38	876	955	342~366	80
N48	1.37~1.43	892	955	366~390	80
N50	1.39~1.45	836	876	374~406	80
N52	1.42~1.47	836	876	390~422	8
30M	1.08~1.15	796	1114	223~254	100
33M	1.13~1.18	836	1114	247~270	100
35M	1.17~1.22	868	1114	263~287	100
38M	1.22~1.27	899	1114	287~310	100
40M	1.25~1.30	923	1114	302~326	100
42M	1.28~1.34	955	1114	318~342	100
45M	1.33~1.38	995	1114	342~366	100
48M	1.37~1.43	1019	1114	358~390	100
50M	1.39~1.45	1035	1035	374~406	100
52M	1.42~1.47	995	1035	390~422	100
15H	0.81~0.96	597	1353	127~159	120
25H	0.90~1.08	756	1353	159~207	120
27H	1.02~1.06	764	1353	199~215	120
30H	1.08~1.15	796	1353	223~254	120
33H	1.13~1.18	836	1353	247~270	120
35H	1.17~1.22	868	1353	263~287	120

（续）

材料牌号	剩磁 /T	矫顽力 /（kA/m）	内禀矫顽力 /（kA/m）	最大磁能积 /（kJ/m³）	最大工作温度 /℃
38H	1.22~1.27	899	1353	287~310	120
40H	1.25~1.30	923	1353	302~326	120
42H	1.28~1.34	955	1353	318~342	120
45H	1.33~1.38	963	1353	334~358	120
48H	1.37~1.43	971	1274	342~366	120
50H	1.39~1.45	1035	1274	374~406	120
27SH	1.02~1.06	780	1592	199~215	150
30SH	1.08~1.14	804	1592	223~254	150
33SH	1.13~1.18	844	1592	247~270	150
35SH	1.17~1.22	876	1592	263~287	150
38SH	1.22~1.27	907	1592	287~310	150
40SH	1.25~1.30	939	1592	302~326	150
42SH	1.28~1.34	971	1592	318~342	150
45SH	1.32~1.38	995	1512	342~366	150
48SH	1.36~1.42	995	1512	358~390	150
28UH	1.02~1.08	764	1990	207~231	180
30UH	1.08~1.14	812	1990	223~254	180
33UH	1.13~1.18	852	1990	247~270	180
35UH	1.17~1.22	860	1990	263~287	180
38UH	1.22~1.27	876	1990	287~310	180
40UH	1.26~1.30	915	1911	302~326	180
42UH	1.30~1.35	971	1911	310~342	180
45UH	1.32~1.38	995	1911	334~366	180
28EH	1.04~1.09	780	2388	207~231	200
30EH	1.08~1.14	812	2388	223~254	200
33EH	1.13~1.18	820	2388	247~270	200
35EH	1.17~1.22	836	2388	263~287	200
38EH	1.22~1.27	915	2388	279~310	200
40EH	1.25~1.30	939	2308	294~326	200
28AH	1.02~1.09	780	2706	199~231	240
30AH	1.07~1.13	812	2706	215~247	240
33AH	1.11~1.17	820	2706	239~271	240
35AH	1.15~1.21	836	2706	255~287	240

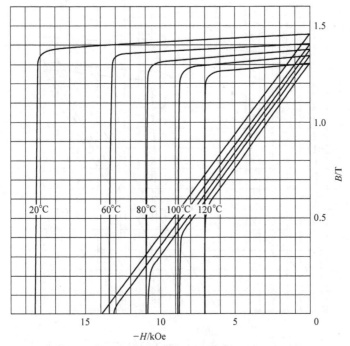

图 C-1　52H 牌号永磁体在不同温度下的退磁曲线

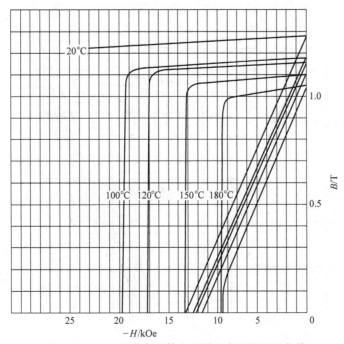

图 C-2　40UH 牌号永磁体在不同温度下的退磁曲线

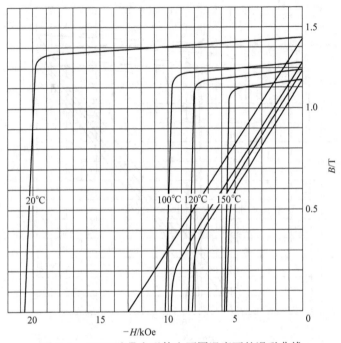

图 C-3　45SH 牌号永磁体在不同温度下的退磁曲线

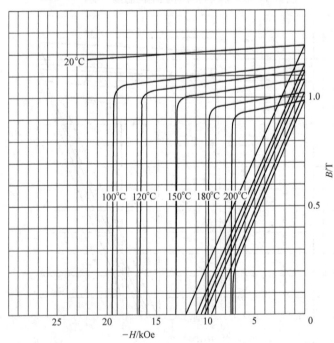

图 C-4　38EH 牌号永磁体在不同温度下的退磁曲线

表 C-2　常用铁氧体永磁体性能参数表

材料牌号	剩磁 /mT	矫顽力 /(kA/m)	内禀矫顽力 /(kA/m)	最大磁能积 /(kJ/m³)
5DH	400 ± 10	278.6 ± 12	318.3 ± 16	30.3 ± 1.6
5D	415 ± 10	254.6 ± 12	262.6 ± 16	32.6 ± 1.6
5H	405 ± 10	298.4 ± 12	322.3 ± 12	31.1 ± 1.6
5B	420 ± 10	262.6 ± 12	266.6 ± 12	33.4 ± 1.6
5N	440 ± 10	226.8 ± 12	229.2 ± 12	36.7 ± 1.6
6E	380 ± 10	290.5 ± 12	393.9 ± 12	27.5 ± 1.6
6H	400 ± 10	302.4 ± 12	358.1 ± 12	30.3 ± 1.6
6B	420 ± 10	302.4 ± 12	318.3 ± 12	33.4 ± 1.6
6N	440 ± 10	258.6 ± 12	262.6 ± 12	36.7 ± 1.6
9H	430 ± 10	330.2 ± 12	397.1 ± 12	35.0 ± 1.6
9B	450 ± 10	342.2 ± 12	358.1 ± 12	38.6 ± 1.6
9N	460 ± 10	278.5 ± 12	286.5 ± 12	40.4 ± 1.6
12H	460 ± 10	345 ± 15	430 ± 15	41.4 ± 1.6
12B	470 ± 10	340 ± 12	380 ± 12	43.1 ± 1.6

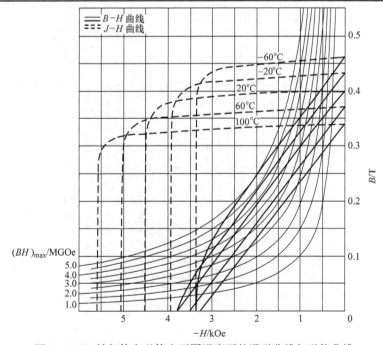

图 C-5　6H 铁氧体永磁体在不同温度下的退磁曲线与磁能曲线

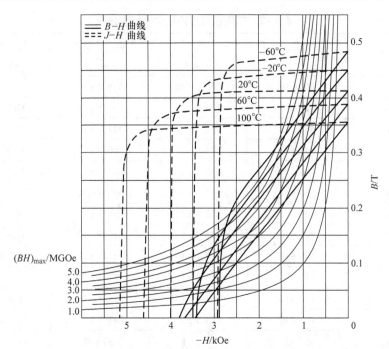

图 C-6　6B 铁氧体永磁体在不同温度下的退磁曲线与磁能曲线

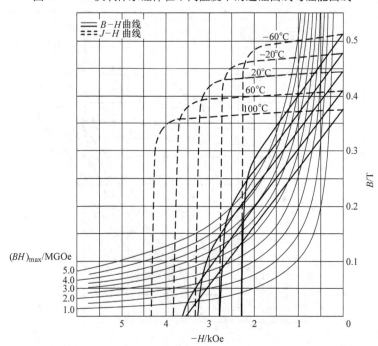

图 C-7　6N 铁氧体永磁体在不同温度下的退磁曲线与磁能曲线

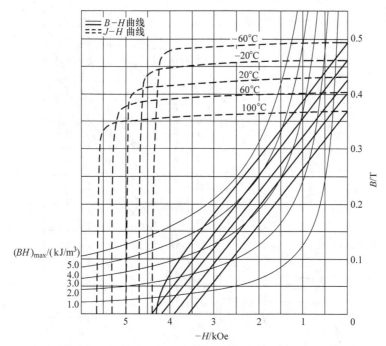

图 C-8　9H 铁氧体永磁体在不同温度下的退磁曲线与磁能曲线

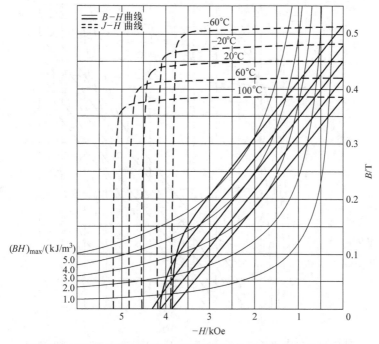

图 C-9　9B 铁氧体永磁体在不同温度下的退磁曲线与磁能曲线

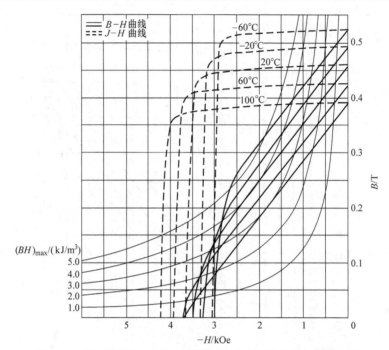

图 C-10　9N 铁氧体永磁体在不同温度下的退磁曲线与磁能曲线

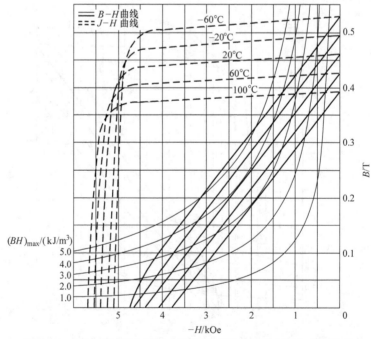

图 C-11　12H 铁氧体永磁体在不同温度下的退磁曲线与磁能曲线

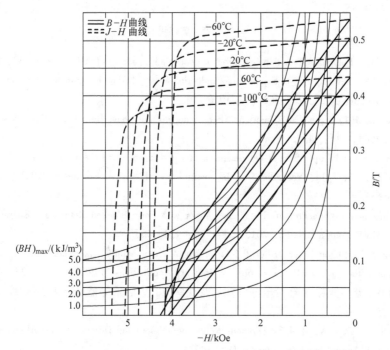

图 C-12　12B 铁氧体永磁体在不同温度下的退磁曲线与磁能曲线

参 考 文 献

[1] Kostko J K. Polyphase Reaction Synchronous Motor [J]. Journal of AIIE, 1923, 42: 1162.

[2] Bauer P F, Honsinger V B. Synchronous Induction Motor Having a Segmented Rotor and Squirrel Cage Winding: U. S, 2733362 [P]. 1956 – 01.

[3] Lawrenson P J, A g u L A . Theory and Performance of Polyphase Reluctance M achines [J]. IEE Proc, 1964, 111: 1435.

[4] Lawrenson P J, Gupta S K. Developments in the performance and theory of segmental – rotor reluctance motors [J]. Proceedings of the institution of Electrical Engineers, 1967, 114 (5): 645 – 653.

[5] Kolehmainen J. Synchronous Reluctance Motor with Form Blocked Rotor [J]. Energy Conversion, IEEE Transactions on, 2010, 25 (2): 450 – 456.

[6] Soong W L, Staton D A, Miller T J E. Design of a new axially – laminated interior permanent magnet motor [J]. IEEE Transactions on Industry Applications, 1995, 31 (2): 358 – 367.

[7] 赵争鸣. 新型永磁磁阻同步电机发展及现状 [J]. 电工电能新技术, 1998, 17 (3): 22 – 25.

[8] Lipo T A, Vagti A, et al. Synchronous Reluctance Motors and Drives – a New Alternative [C]. IEEE IAS Annual Meeting Tutorial, Oct . 1992.

[9] Murakami H, Honda Y, Sadanaga Y, et al. Optimum design of highly efficient magnet assisted reluctance motor [C]. Thirty – Sixth IAS Annual Meeting, 2001, 4: 2296 – 2301.

[10] Sanada M, Hiramoto K, Morimoto S, et al. Torque ripple improvement for synchronous reluctance motor using an asymmetric flux barrier arrangement [J]. IEEE Transactions on Industry Applications, 2004, 40 (4): 1076 – 1082.

[11] Sanada M, Inoue Y, Morimoto S. Rotor structure for reducing demagnetization of magnet in a PMASynRM with ferrite permanent magnet and itscharacteristics [C]. Energy Conversion Congress and Exposition, 2011: 4189 – 4194.

[12] Nishiura H, Morimoto S, Sanada M, et al. Characteristics comparison of PMASynRM with bonded rare – earth magnets and IPMSM with sintered rare – earth magnets [C]. International Conference on Power Electronics and Drive Systems, 2013: 720 – 725.

[13] Morimoto S, Ooi S, Inoue Y, et al. Experimental Evaluation of a Rare – Earth – Free PMASynRM With Ferrite Magnets for Automotive Applications [J]. 2014.

[14] Isfahani A H, Vaez – Zadeh S, Azizur Rahman M. Using modular poles for shape optimization of flux density distribution in permanent – magnet machines [J]. IEEE Transactions on Magnetics, 2008, 44 (8): 2009 – 2015.

[15] Staton D A, Miller T J E, Wood S E. Maximising the saliency ratio of the synchronous reluctance motor [J] . Electric Power Applications, IEE Proceedings B, 1993, 140 (4): 249 – 259.

[16] Soong W L, Staton D A, Miller T J E. Design of a new axially – laminated interior permanent

magnet motor [J]. IEEE Transactions on Industry Applications, 1995, 31 (2): 358 – 367.

[17] Han S H, Jahns T M, Soong W L. Torque ripple reduction in interior permanent magnet synchronous machines using the principle of mutual harmonics exclusion [C \ ] 2007. Conference Record of the Industry Applications Conference, 2007: 558 – 565.

[18] Han S H, Jahns T M, Soong W L, et al. Torque ripple reduction in interior permanent magnet synchronous machines using stators with odd number of slots per pole pair [J]. IEEE Transactions on Energy Conversion, 2010, 25 (1): 118 – 127.

[19] Niazi P. Permanent magnet assisted synchronous reluctance motor design and performance improvement [D]. Texas A&M University, 2005.

[20] Montalvo – Ortiz E E, Foster S N, Cintron – Rivera J G, et al. Comparison between a spoke – type PMSM and a PMASynRM using ferrite magnets [C]. Electric Machines & Drives Conference, 2013: 1080 – 1087.

[21] Guglielmi P, Giraudo N G, Pellegrino G M, et al. PM assisted synchronous reluctance drive for minimal hybrid application [C]. Annual Meeting. Conference Record of the Industry Applications Conference, 2004, 1.

[22] Pellegrino G, Armando E, Guglielmi P, et al. A 250kW transverse – laminated Synchronous Reluctance motor [C]. European Conference on Power Electronics and Applications, 2009: 1 – 10.

[23] Guglielmi P, Boazzo B, Armando E, et al. Magnet minimization in IPM – PMASR motordesign for wide speed range application [C]. Energy Conversion Congress and Exposition, 2011: 4201 – 4207.

[24] Bianchi N, Bolognani S, Bon D, et al. Torque harmonic compensation in a synchronous reluctance motor [J]. IEEE Transactions on Energy Conversion, 2008, 23 (2): 466 – 473.

[25] Jeong Y H, Kim K, Kim Y J, et al. Design characteristics of PMa – SynRM and performance comparison with IPMSM based on numerical analysis [C]. International Conference on Electrical Machines, 2012: 164 – 170.

[26] Tutelea L, Popa A M, Boldea I. 50/100 kW, 1350 – 7000 rpm (600 Nm peak torque, 40 kg) PM assisted Reluctance synchronous machine: Optimal design with FEM validation and vector control [C]. International Conference on Optimization of Electrical and Electronic Equipment, 2014: 276 – 283.

[27] Bianchi N, Bolognani S, Bon D, et al. Rotor flux – barrier design for torque ripple reduction in synchronous reluctance and PM – assisted synchronous reluctance motors [J]. IEEE Transactions on Industry Applications, 2009, 45 (3): 921 – 928.

[28] Ooi S, Morimoto S, Sanada M, et al. Performance evaluation of a high – power – density pmasynrm with ferrite magnets [J]. IEEE Transactions on Industry Applications, 2013, 49 (3): 1308 – 1315.

[29] Pellegrino G, Armando E, Guglielmi P, et al. A 250kW transverse – laminated Synchronous Reluctance motor [C]. European Conference on Power Electronics and Applications, 2009:

1 – 10.

[30] Tokuda T, Sanada M, Morimoto S. Influence of rotor structure on performance of permanent magnet assisted synchronous reluctance motor [C]. International Conference on Electrical Machines and Systems, 2009：1 – 6.

[31] Obata M, Shigeo M, Sanada M, et al. High – performance PMASynRM with ferrite magnet for EV/HEV applications [C]. European Conference on Power Electronics and Application, 2013：1 – 9.

[32] Lee J H, Yun T W, Lee B B. Characteristic analysis & optimum design solutions of Permanent Magnet Assisted Synchronous Reluctance Motor for power improvement [C]. International Conference on Electrical Machines and Systems, 2010：1840 – 1843.

[33] 李新华，阮波，徐竟成，等. 电动大巴永磁辅助磁阻同步电动机仿真分析 [J]. 微特电机，2014，42（3）.

[34] 柴凤，史妍雯，刘越. 永磁同步磁阻电动机综述 [J]. 微特电机，2015，43（10）：81 – 87.

[35] 黄辉，胡余生，等. 变频空调用无稀土磁阻电机的退磁仿真及验证 [J]. 制冷与空调，2013，13（9）.

[36] 黄辉，胡余生，等. 变频压缩机电机电感仿真与测试方法的研究 [J]. 流体机械，2013，41（5）.

[37] 沈建新，蔡顺，袁赛赛. 同步磁阻电机分析与设计 [J]. 微特电机，2016，49（10）.

[38] 武田洋次，松井信行. 内藏磁石同期モータの設計と制御 [M]. 初版. 株式会社オーム社，2001.

[39] 唐任远. 现代永磁电机理论与设计 [M]. 北京：机械工业出版社，1997.

[40] 郭伟，赵争鸣. 新型同步磁阻永磁电机的结构与电磁参数关系分析 [J]. 中国电机工程学报，2005，25（11）：124 – 128.

[41] 黄辉，胡余生，陈东锁，等. 变频压缩机电机电感仿真与测试方法的研究 [J]. 流体机械，2013，41（5）：11 – 14.

[42] 郭伟，赵争鸣. 新型同步磁阻永磁电机的转矩特性和控制分析 [J]. 电工技术学报，2005，20（1）：54 – 59.

[43] Soong W L, Staton D A, Miller T J E. Design of a new axially – laminated interior permanent magnet motor [J]. IEEE Transactions on Industry Applications. 1995, 31（2）：358 – 367.

[44] 黄辉，胡余生，陈东锁，等. 电动机转子及具有其的电动机：中国，201110224896.8 [P]. 2012 – 10 – 31.

[45] Huang Hui, Hu Yusheng, Xiao Yong, et al. Research of Parameters and Anti – demagnetization of Rare – earth – less Permanent Magnet assisted Synchronous Reluctance Motor [J]. IEEE Transactions on magnetics, 2015, 51（11）：1 – 4.

[46] MorimotoS, Ooi S, Inoue Y, et al. Experimental Evaluation of a Rare – Earth – Free PMASynRM With Ferrite Magnets for Automotive Applications [J]. IEEE Transactions on industrial electronics, 2014, 61（10）：5749 – 5756.

［47］谢祖荣，周晓正，曾建唐，等．脉冲充磁技术与装置研究［J］．北京石油化工学院学报，2001，9（1）：51 – 54.

［48］黄辉，胡余生，陈东锁，等．永磁辅助同步磁阻电机转子及其电机和电机的安装方法：中国，201210056283.2［P］.2012 – 10 – 31.

［49］陈永校，诸自强，应善成．电机噪声的分析和控制［M］．杭州：浙江大学出版社，1987.

［50］Jacek F. Gieras, Chong Wang, Joseph Cho Lai . Noise of Polyphone Electric Motors［J］.2006.

［51］张冉．表面式永磁电机电磁激振力波及其抑制措施研究［D］．济南：山东大学，2011.

［52］宋志环．永磁同步电动机电磁振动噪声源识别技术的研究［D］．沈阳：沈阳工业大学，2010.

［53］杨浩东．永磁同步电机电磁振动分析［D］．杭州：浙江大学，2011.

［54］Nicola Bianchi, et al. Rotor Flux – Barrier Design for Torque Ripple Reduction in Synchronous Reluctance and PM – Assisted Synchronous Reluctance Motors［J］. IEEE Transactions on Industry Applications, VOL. 45, NO. 3, MAY/JUNE 2009.

［55］LO W C, Chan C C , Zhu Z Q, et al. Acoustic noise radiated by PWM – controlled induction machine drives［J］. IEEE Transactions on Industry Electronics, 200, 47（4）：880 – 889.

［56］唐任远，宋志环，于慎波，等．变频器供电对永磁电机振动噪声源的影响研究［J］．电机与控制学报，2010，14（3）：12 – 17.

［57］S J Yang. 低噪声电动机［M］．吕砚山，等译．北京：科学出版社，1985.

［58］许实章．交流电机的绕组理论［M］．北京：机械工业出版社，1985.

［59］郝清亮，胡义军，朱少林．磁致伸缩在电机电磁振动中的贡献分析［J］．电机与控制应用，2011，38（10）.

［60］Timothy E, McDevitt, Robert L. Campbell, et al. An investigation of induction motor zero order magnetic stress, vibration and sound radiation［J］. IEEE TRANSACTIONS ON MAGNETICS, VOL. 40, NO. 2.

［61］汤蕴璆，罗应立，梁艳萍．电机学［M］．北京：机械工业出版社，2008.

［62］符嘉靖．永磁电机电磁振动的磁 – 固耦合分析［D］．杭州：浙江大学，2012.

［63］王成元，夏加宽，孙宜标．现在电机控制技术［M］．北京：机械工业出版社，2008.

［64］王宏华．现代控制理论［M］.2版．北京：电子工业出版社，2013.

［65］R. Krishnan. 永磁无刷电机及其驱动技术［M］．北京：机械工业出版社，2015.

［66］刘颖，周波，冯瑛，等．基于脉振高频电流注入 SPMSM 低速无位置传感器控制［J］．电工技术学报，2012：139 – 145.

［67］刘颖．永磁同步电机脉振高频信号注入无位置传感器技术研究［D］．南京：南京航空航天大学，2012.

［68］翟程远．永磁同步电机矢量控制的研究与应用［D］．上海：上海交通大学，2013.

［69］任少义．EV 牵引 IPMSM 最大效率运行控制策略的研究［D］．哈尔滨：哈尔滨工业大学，2012.

［70］李高林. 基于扩展卡尔曼滤波的永磁同步电机的无位置传感器控制［D］. 长沙：湖南大学，2011.

［71］石敏. 永磁同步电机高性能弱磁控制策略的研究［D］. 长沙：湖南工业大学，2015.

［72］宋志环. 永磁同步电动机电磁振动噪声源识别技术的研究［D］. 沈阳：沈阳工业大学，2010.

［73］牛里. 基于参数辨识的高性能永磁同步电机控制策略研究［D］. 哈尔滨：哈尔滨工业大学，2015.

［74］刘子剑. 伺服系统在线参数自整定及优化技术研究［D］. 哈尔滨：哈尔滨工业大学，2014.

［75］Shigeo Morimoto, Shohei Ooi, Yukinori Inoue, et al. Experimental Evaluation of a Rare – Earth – Free With Ferrite Magnets for Automotive Applications［J］. IEEE Trans. Ind. Electron, 2014, 61（10）: 5749 – 5756.

［76］Haiwei Cai, Bo Guan, Longya Xu. Low – Cost Ferrite PM – Assisted Synchronous Reluctance Machine for Electric Vehicles［J］. IEEE Trans. Ind. Electron, 2014, 61（10）: 5741 – 5748.

［77］李新华，阮波，徐竟成，等. 电动客车永磁辅助磁阻同步电动机仿真分析［J］. 微特电机，2014，42（3）: 1 – 3.

［78］唐任远，安忠良，赫荣富. 高效永磁电动机的现状与发展［J］. 电器技术，2008（9）: 1 – 6.

［79］Adrian Ortega Dulanto. Design of a Synchronous Reluctance Motor Assisted with Permanent Magnets for Pump Applications［J］. KTH Royal Institute Of Technology Electrical Engineering, 2015.